事例でわかる
マテリアルズ
インフォマティクス

著者 ○○ 公人・井上 貴央

近代科学社 Digital

はじめに

　化学研究に機械学習および深層学習が盛んに取り入れられている．それに対応するように，姉妹書である『詳解マテリアルズインフォマティクス—有機・無機化学のための深層学習』(2021 年発行) [1] をはじめとして，手法の解説書が多く出版されてきた．しかしながら，実践的な視点に立って手法の特徴や活用のポイントに注目して解説したものは意外と少ない．本書はこうしたことを踏まえて，深層学習を有機化学・無機化学分野のデータに適用する場合のポイントについて解説することを目的に書かれた．

　第 1 章では有機化合物に対する予測モデル構築，第 2 章では無機材料に対する予測モデル構築，そして第 3 章では生成モデルを活用した材料・医薬品の設計について，用いる手法とその性能評価を中心に実践的な活用法を解説している．

　本書では，理解の助けのために随所に脚注を付けている．必要に応じて読んでいただきたい．

2023 年 2 月

船津 公人

目次

序章　　　深層学習に必要なデータの準備

第1章　　有機化合物に対する予測モデル

第2章　　無機材料に対する予測モデル

第3章　生成モデルを活用した材料・医薬品の設計

本書で用いる記号

　基本的には数学で通常利用する記号に従い，姉妹書 [1] の記法と合わせている．一部の記号の詳しい定義は付録に用意したので，必要に応じて参照されたい．

　本書では「ベクトル」は列ベクトルを表すものとし，積分範囲は明示しない限り全範囲であるとする．また，単に「グラフ」といえば無向グラフを指すものとする．自然対数は $\log x$ と表記する．ベクトルや行列などに対して実数値関数 $f\colon \mathbb{R} \to \mathbb{R}$ を適用する場合は，特に指定のない限りは，ベクトルの各要素に対して f を適用することを意味する．

- x (斜体): 特に指定がない場合はスカラー値 (実数) を表す．
- x, X (太字斜体): 小文字はベクトル．大文字は行列などを表す．複数の値を保持していることを明示したい場合に利用する．
- $\{x_1, \ldots, x_n\}$: $x_1, \ldots, x_n$ からなる集合．
- $\mathbb{Z}, \mathbb{R}$: 整数，実数の集合．
- $\mathbb{Z}_{\geq 0}, \mathbb{R}_{>0}$ など: 非負整数や正実数の集合．取りうる値に指定がある場合は，このように下付き添字を使って表す．
- $[a, b], (a, b), [a, b), (a, b]$: それぞれ，閉区間・開区間・右半開区間・左半開区間 ($a \leq b$)．
- $\mathbb{R}^n$ など: n 次元実数値ベクトルの集合．
- $x \in A$: x は集合 A の要素である．
- $\alpha := \beta$ (または，$\beta =: \alpha$): 記号 α を式 β で定義する．
- $x \leftarrow y$: x に y を代入して更新する．
- $A \cup B$: 集合 A と集合 B の和集合．
- $A \cap B$: 集合 A と集合 B の共通部分．
- $A \setminus B$: 集合 A から集合 B に含まれる要素を除いた差集合．
- $x^\top$: ベクトル x の転置．
- $\mathbf{0}$: ゼロベクトル．
- $x \oplus y$: ベクトル x, y の結合．また，$\bigoplus_{i=1}^{n} v_i = v_1 \oplus \cdots \oplus v_n$ である．
- $\|x\|_p$: ベクトル x の L_p ノルム ($p \geq 1$). 単に $\|x\|$ と書いた場合は，

L_2 ノルムを表す.

- I_n: $n \times n$ の単位行列.
- $\max_{x \in X} f(x)$: 実数値関数 f の集合 X における最大値.
- $\min_{x \in X} f(x)$: 実数値関数 f の集合 X における最小値.
- $[n]$: 1 から $n \in \mathbb{Z}_{>0}$ までの整数の集合.
- $[n]_0$: 0 から $n \in \mathbb{Z}_{\geq 0}$ までの整数の集合.
- $g \circ f$: 写像 $f: A \to B$ と $g: B \to C$ の合成 (A, B, C は集合).
- $\mathcal{N}(\mu, \Sigma)$: 平均 μ, 共分散行列 Σ の多次元正規分布. 確率密度関数は $\mathcal{N}(x \mid \mu, \Sigma)$ で書く.
- $D_{\mathrm{KL}}[p(x)\|q(x)]$: 確率分布 $p(x)$ の確率分布 $q(x)$ に対する Kullback–Leibler ダイバージェンス.
- $D_{\mathrm{JS}}[p(x)\|q(x)]$: 確率分布 $p(x)$ と確率分布 $q(x)$ の Jensen–Shannon ダイバージェンス.

深層学習に必要な
データの準備

　化学データに対して機械学習を実施する際は，コンピュータ上で扱えるような，化合物の情報を表現するデータ形式を用いる．機械学習モデルの予測性能を高めるには，このようなデータをできるだけ多数集める必要がある．特に，深層学習モデルで十分な予測性能を出すためには，従来の機械学習モデルよりも大規模な訓練データセットが必要になることが一般的である．一方で，実験によって取得できる化学データの量には限度があるため，深層学習モデルを訓練する際は Web で公開されているデータセットを利用することも多い．この章では，モデルを訓練するために必要な大規模データセットについて，そのデータ形式や現在公開されているデータベースを，有機化合物データと無機化合物データのそれぞれに対して紹介する．

0.1　化学データに対する機械学習

　機械学習は近年急速に発達してきた分野であり，特に，深層学習に関する技術のここ数年の発展は目覚ましい．Python 向けに作成された機械学習・深層学習用ライブラリも着実に整備されてきており，手軽に機械学習を実施できるようになった．

　化学分野においても，機械学習の応用例が多数見受けられるようになった．この背景には，化合物を扱うための Python 向けライブラリが整備されたことや，良質なデータベースが作られたことがある．

　多くのデータベースには，化合物を扱うライブラリで読み込めるように，適切な形式で化合物の情報が記録されている．このような形式の化学データを利用することで，化合物を機械学習モデルに入力できる．以下では，化合物のデータ形式とデータを取得できるデータベースについて，有機化合物データと無機化合物データに分けて解説する．

0.2　有機化合物データ

　本節では，機械学習で利用される有機化合物データの形式について説明した後，深層学習を行うにあたって必要な大規模データを提供しているデータベースについて紹介する．

0.2.1　データ形式

　深層学習を行う際に利用される有機化合物を表すデータ形式としては，主に以下の二つが挙げられる．

- SMILES 文字列:
  分子の構造を文字列で表現したデータ.
- MOL ファイル:
  分子の各原子の位置が記された 3 次元座標データ.

InChI [2, 3] などのその他のデータ形式も存在するものの，上記の二つを

利用することがほとんどである.

(1) SMILES 文字列

　分子構造を英数字やカッコなどの記号からなる文字列で表記するための記法を **SMILES 記法** (Simplified Molecular Input Line Entry System) [4, 5] という. SMILES 記法では，原子や結合の種類・分子の枝分かれ・環構造・芳香族性の有無・立体配置などを表現するため，一定の文法[1]に従って分子構造が表記される. SMILES 記法の詳細な文法については，文献 [7, 8] にまとめられている.

　SMILES 文字列[2](SMILES string) は，SMILES 記法によって分子を表現した文字列である. ある SMILES 文字列が表現する分子構造は一つに定まるが，逆に，ある分子構造を表現する SMILES 文字列は複数個存在することが多い. 例えば，文字列 c1ccccc10 と c1c(0)cccc1 は，いずれもフェノールの構造を表現する文字列になっている.

　RDKit [9] というライブラリ[3]をはじめとして，有機化合物を扱うための多くのライブラリでは，SMILES 文字列からの分子構造の読み込みや分子構造からの SMILES 文字列への変換が可能である. 特に分子構造から SMILES 文字列に変換する際は，各システムに固有のアルゴリズムに基づいて一意的に変換できる. こうして得られる一意的な SMILES 文字列を，**正規化された SMILES 文字列** (canonical SMILES string) と呼ぶ.

　SMILES 文字列は多くのデータベース・データセットで分子構造を表現するのに標準的に利用されているため，比較的容易に手に入る. 一方で，SMILES 文字列は各原子の 3 次元座標の情報を有していないため，3 次元座標の情報を扱うためには MOL ファイルを利用する必要がある.

(2) MOL ファイル

　MOL ファイル (MOL file) は，構造式で表されるような原子間の結合

1　SMILES 文字列の従う文法は文脈自由文法 (context-free grammar)，特に，$LR(1)$ 文法と呼ばれる文法クラスに属することが知られている [6].

2　SMILES 文字列自体を単に SMILES と呼ぶことも多い.

3　Python と C++ 向けのライブラリである.

11

関係に加えて，各原子の 3 次元座標の情報を含めることができるファイルである (図 0.1)．一つの MOL ファイルで一つの分子構造が表現されており，複数個の MOL ファイルを一つにまとめたデータ形式である **Structure Data File** (SDF[4]) もよく利用される．MOL ファイルや SDF は多くのデータベースから取得できるようになっている．RDKit などの化合物を扱うための多くのライブラリでも，MOL ファイルや SDF から分子構造を読み込むことができる．

　基本的な MOL ファイルはヘッダブロック・カウント行・原子ブロック・結合ブロックからなる[5]．より具体的には，以下の情報が MOL ファイルに記載されている．

- ヘッダブロックは 3 行からなり，ファイルタイトル・作成したプログラムなどの情報が記される．
- カウント行は分子内の原子数・結合数などの情報が記されている．
- 原子ブロックには各原子の情報が，x 座標 (Å)，y 座標 (Å)，z 座標 (Å)，元素記号,... の順に並んでいる．
- 結合ブロックには各結合の情報が，結合を構成する一方の原子のインデックス，結合を構成する他方の原子のインデックス，結合の種類，結合の立体情報,... の順に並んでいる．
- 最終行 (M　END) はファイルの終端を表す．

MOL ファイルの詳細な内容については文献 [10] を参照されたい．このように MOL ファイルは各原子の 3 次元座標・種類のリストと各結合の位置・種類のリストの情報を含んでいるため，一般には一つの分子構造を表現するためのファイルサイズが SMILES 表記よりも大きくなることに注意する．

4　本来 F はファイルの頭文字であるが，「SDF ファイル」のように重言として呼ばれることも多い．

5　結合ブロックの直後に，電荷・ラジカル・同位体などの情報を記したプロパティブロックが続くこともある．

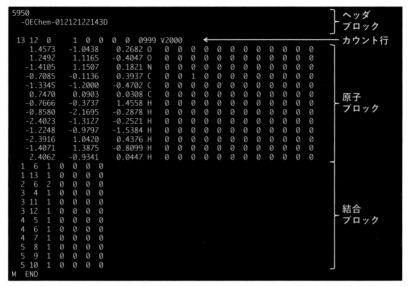

図 0.1 MOL ファイルの例. PubChem データベース [11] から取得した L-アラニンの MOL ファイルを記載した. 基本的な MOL ファイルはヘッダブロック・カウント行・原子ブロック・結合ブロックからなる.

ただし，MOL ファイルに記載されている 3 次元座標が，量子化学計算によって計算された座標ではなく，MOL ファイルの形式に合うように便宜上設定された値になっている場合もあることに注意する．例えば，PubChem データベース [11] には 3 次元座標データが存在しない分子も含まれている．このような分子でも，MOL ファイルの形式で書き出すことは可能である[6]．こうして作成された MOL ファイルでは，記載された座標に特に意味がないため，SMILES 文字列でデータを保持しておけば十分である．

0.2.2 データベースの紹介

有機化合物のデータベースの整備が近年進んでおり，多数の有機化合物

---

[6] 例えば，構造式の描画用の 2 次元座標を利用したり，座標値をすべて原点に設定したりすることで，MOL ファイルの形式に出力できる．PubChem データベースでは，どの化合物も 2 次元座標で書き出せるようになっている．

データを取得するのが容易になった．以下では，有機化合物のデータベースをいくつか紹介する．

(1) PubChem

PubChem [11] は，2004 年の運営開始以来，政府機関・化学薬品製造会社などのソースから幅広く収集した有機化合物データを収録したデータベースである．PubChem には，比較的小さな分子が多数収録されている．データベースに含まれる主要なカテゴリは，Compounds・Substances・BioAssays の三つである．Compounds には単一の化合物が収録されており，2022 年 11 月時点で約 1 億 1,200 万件の化合物が登録されている．化合物の構造情報は，SMILES 文字列や MOL ファイルなどの形式でダウンロードできる．2011 年の段階で，PubChem データベースの約 89 ％の化合物に対して 3 次元座標が計算されている[7] [12]．また，一部の化合物には物性値の情報が記載されているものもある．Substances には，化合物以外にも混合物・抽出物・錯体などが収録されており，2022 年 11 月時点で約 2 億 9,800 万件の化学物質が登録されている．Substances に登録された化学物質情報はデータ整形ののち Compounds に情報がまとめられるようになっているが，構造の情報が登録されていないなどの理由で，対応する Compounds のエントリーが存在しないこともある．BioAssays には化合物のスクリーニングの結果が収録されており，生体活性や毒性に関するデータを取得できる．BioAssays には，2022 年 11 月時点で約 150 万件の結果が登録されている．

(2) ChEMBL

ChEMBL [13] は，医薬品や医薬品候補化合物などの低分子化合物のデータベースである．主要な科学雑誌から抽出された結合定数や薬理活性などのデータが登録されている．なお，登録されている構造の 3 次元座標

---

[7]　分子に 3 次元座標のデータが存在しない理由としては，分子に含まれる原子数が多すぎる・量子化学計算プログラムに対応していない元素が分子に含まれている・分子の取りうる配座が多すぎる・塩や混合物になっているなどがある．

は計算されておらず，MOL ファイル形式で出力される座標は構造式描画用の 2 次元座標となっている．2022 年 11 月時点の最新版 (ChEMBL 31) では，約 233 万件の化合物が登録されている．

(3) ZINC

ZINC [14, 15, 16] は，バーチャルスクリーニングを目的とした商用化合物からなるデータベースである．2022 年 11 月時点で最新版の ZINC 22 では約 370 億件の化合物が収録されており，化合物の構造情報を SMILES 文字列や MOL ファイルなどの形式でダウンロードできる．物性・活性のデータは基本的に付与されていないが，多くの登録構造で 3 次元座標が計算されているのが特徴である．

(4) Generated Database

Generated Database (GDB) は，コンピュータ上で網羅的に生成された分子構造からなるデータベースである．これまでに，水素原子以外の原子[8]が 11 個以下の構造からなる GDB-11 [17]，13 個以下の構造からなる GDB-13 [18]，17 個以下の構造からなる GDB-17 [19] が作成されており，構造を SMILES 文字列の形式でダウンロードできる．GDB-17 では，多数の未知構造を含む約 1,664 億個の構造が生成された[9]．GDB に含まれている構造自体には物性値のデータが存在しないが，GDB に含まれている構造の一部を利用した ANI-1 データセット [20] や QM9 データセット [21] のように，量子化学計算による計算値の情報が付加されたデータセットが GDB から作られている．

8　水素原子以外の原子として利用している原子は，炭素・窒素・酸素・硫黄原子とハロゲン原子である．硫黄原子については，GDB-13 と GDB-17 でのみ利用されている．ハロゲン原子については，GDB-11 ではフッ素原子，GDB-13 では塩素原子，GDB-17 ではフッ素・塩素・臭素・ヨウ素原子が利用されている．

9　構造生成の際に，構造の化学的な安定性を考慮して構造群をフィルタリングしているが，不安定な構造を除去しきれていない可能性はある．

15

0.3　無機化合物データ

本節では，深層学習で利用される無機化合物のデータ形式について説明した後，深層学習を行うにあたって必要な大規模データを提供しているデータベースを紹介する．

0.3.1　データ形式

無機化合物を扱う深層学習モデルの概要を図 0.2 に示す．深層学習で利用される無機化合物のデータ形式としては，主に組成式と結晶構造の二つが挙げられる．

- 組成式:
  各元素の組成比を文字列で表現したデータ．
- 結晶構造:
  単位格子内の各原子の位置を表現した 3 次元座標データ．

X 線回析スペクトルや電子顕微鏡画像を対象とした研究例 [22, 23, 24, 25] なども報告されているものの，材料設計の際には上記の二つを利用することが多い．

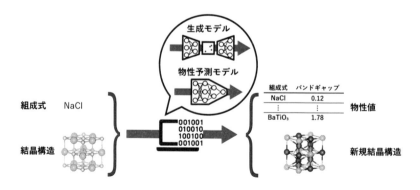

図 0.2　無機化合物の深層学習モデル．無機化合物を扱う深層学習モデルの多くは，入力として組成式や結晶構造を受け取り，物性値の予測や新規結晶構造の生成を行う．

(1) 組成式

組成式 (composition formula) は，無機化合物を構成する元素の組成比を表した文字列である．無機化合物を合成する際は主に組成を制御するため，材料設計に適用しやすいデータである．一方で，組成式は構造に関する情報を含まない．無機化合物は一般的に固体であり，原子の周期的な配列によって物性が発現することを考慮すると，後述の結晶構造も重要である．

機械学習モデルの入力として組成式を扱う際には，標準化された記法に従うことが重要である．例えば，機械学習モデルの入力としてコバルト酸リチウムを扱う際には，IUPAC [26] の命名法にならった $LiCoO_2$ だけではなく，$CoLiO_2$ や $Li_2Co_2O_4$ なども扱うことができる．しかし，モデルや特徴量の生成方法によっては，これらのデータに対して異なる予測値が得られる場合がある．このため，組成式を扱う際には，化合物に対する一意性が保たれていることを意識する必要がある．

(2) 結晶構造

結晶構造 (crystal structure) は，粉末 X 線回折や第一原理計算などによって決定された，単位格子内の各原子の位置を表す 3 次元座標データである．材料の物性値は単位格子内の原子配列に強く影響を受けるため，ミクロな視点での材料設計に役立つデータである．また，同じ組成で異なる結晶構造を示す材料[10]や不定比化合物[11]なども厳密に扱うことができる．一方で，材料を合成する前に結晶構造を取得するには，計算コストの高い第一原理計算を行う必要がある．

結晶構造のデータの取り扱いは，**Crystallographic Information File** (CIF) [27] と呼ばれる形式で標準化されている．既存のデータベースから得られる CIF は，主に次の三つのデータを含むことが多い．

- 組成式や分子量などの化合物に関する一般的なデータ．

10 　SiO_2 は，Wikipedia に掲載されているだけでも 10 種類以上の構造が存在する．

11 　不定比化合物は，$Fe_{0.85}O$ のように組成比を単純な自然数の比で表せない化合物を指す．固溶体や格子欠陥を含む化合物が一般的である．

- 空間群や格子定数などの結晶学的データ.
- 単位格子内の各原子の 3 次元座標データ.

NaCl の結晶構造に関する CIF のサンプルを図 0.3 に示す. 以上のデータの他には, データの作成者・出版論文に関するデータや実験方法に関するデータを含むことができる. また, CIF に登録されている結晶構造は, VESTA [28] などを利用して可視化できる.

以上で説明した組成式と結晶構造については, 無機化合物データを扱うためのライブラリである pymatgen [29] や matminer [30] を利用することで, データの読み込みから特徴量への変換を容易に行うことができる.

0.3.2　データベースの紹介

無機化合物の大規模データベースとしては, 大きく分けて以下の二つが存在する.

- 結晶構造のみを登録したデータベース.
- 結晶構造と物性値を登録したデータベース.

取り上げるデータベースは, 後述する ICSD を除いて全て無償のデータベースである. 組成式については, 結晶構造に含まれる元素の構成比から取得できる.

(1) 結晶構造のみを登録したデータベース

結晶構造のみを登録したデータベースとしては, **Inorganic Crystal Structure Database** (ICSD) [31] と **Crystallography Open Database** (COD) [32] が挙げられる. これらのデータベースからは, 粉末 X 線回折などの実験的手法や第一原理計算などの理論的手法によって同定された結晶構造を取得できる.

ICSD は, 無機化合物や有機金属化合物の結晶構造が登録されているデータベースである. 無機化合物については, 鉱物・セラミックス・合金など多岐にわたり, 実験的に同定された構造が約 8 割となっている. デー

```
loop_
_publ_author_name
'Abrahams, S C'
'Bernstein, J L'
_publ_section_title          Accuracy of an automatic ...
_journal_coden_ASTM          ACCRA9
_journal_name_full           'Acta Crystallographica ...
_journal_page_first          926
_journal_page_last           932
_journal_paper_doi           10.1107/S0365110X65002244
_journal_volume              18
_journal_year                1965
_chemical_formula_structural  'Na Cl'
_chemical_formula_sum         'Cl Na'
_chemical_name_systematic     'Sodium chloride'
_space_group_IT_number        225
_symmetry_cell_setting        cubic
_symmetry_Int_Tables_number   225
_symmetry_space_group_name_Hall  '-F 4 2 3'
_symmetry_space_group_name_H-M   'F m -3 m'
_cell_angle_alpha             90
_cell_angle_beta              90
_cell_angle_gamma             90
_cell_formula_units_Z         4
_cell_length_a                5.62
_cell_length_b                5.62
_cell_length_c                5.62
_cell_volume                  177.5
_refine_ls_R_factor_all       0.022
loop_
_symmetry_equiv_pos_as_xyz
x,y,z
y,z,x
z,x,y
...
z,1/2+y,1/2-x
1/2+z,y,1/2-x
1/2+z,1/2+y,-x
loop_
_atom_site_label
_atom_site_type_symbol
_atom_site_symmetry_multiplicity
_atom_site_Wyckoff_symbol
_atom_site_fract_x
_atom_site_fract_y
_atom_site_fract_z
_atom_site_occupancy
_atom_site_attached_hydrogens
_atom_site_calc_flag
Na1 Na1+ 4 a 0. 0. 0. 1. 0 d
Cl1 Cl1- 4 b 0.5 0.5 0.5 1. 0 d
```

データの作成者や
出版論文に関するデータ

化合物に関する
一般的なデータ

空間群や格子定数などの
結晶学的データ

実験方法に関するデータ

単位格子内の
各原子の3次元座標データ

図 0.3　NaCl の CIF データのサンプル．CIF には，結晶構造だけでなく多様
　　　　なデータを登録できる．

19

タベースの開発は 1978 年より行われており，2022 年 11 月現在，約 27 万件の結晶構造が登録されている．ICSD の特徴としては，登録されるデータに厳しい制約を設けているために，データの質が高いことが挙げられる．また，Web 上で簡易な X 線回析スペクトルや結晶構造の概形も確認できる．

COD は，無機化合物や有機化合物 (有機結晶・有機金属) の結晶構造が登録されているデータベースである．無機化合物については，ICSD と同様に鉱物・セラミックス・合金など多岐にわたる結晶構造が登録されている．データベースの開発は 2004 年より行われており，2022 年 11 月現在，約 49 万件の結晶構造が登録されている．COD の特徴としては，登録されているデータの多様さが挙げられる．COD は，開発当初から有機や無機といった分野にとらわれない，多様な結晶構造を無償で提供することを目的としている．このため，登録されているデータは様々な分野の有志の活動によるものである．

(2) 結晶構造と物性値を登録したデータベース

結晶構造と物性値を登録したデータベースは，第一原理計算によるデータのみを含むものと，第一原理計算と実験によるデータを含むものが存在する．実験によるデータを数万のオーダーで取得することは困難であるため，既存の多くのデータベースは第一原理計算によるデータのみを含む．

第一原理計算によるデータのみを含むデータベースの例としては，**Materials Project** [33]，AFLOW [34]，NOMAD [35] などが挙げられる．ここでは，最も頻繁に利用されている Materials Project を紹介する．

Materials Project は，第一原理計算によって得られた結晶構造と，熱力学特性・誘電特性・弾性特性・圧電特性などが登録されているデータベースである．データベースの開発は 2011 年より行われており，2022 年 11 月現在，約 14 万件の結晶構造が登録されている．Materials Project の特徴としては，データベースに関するドキュメントが充実していることが挙げられる．また，Web 上で結晶構造の予測や電極材料の検索などの様々なツールが利用できるようにもなっている．

　実験によるデータも含むデータベースとしては，**Materials Platform for Data Science** (MPDS) [36, 37] が挙げられる．MPDS は，論文に報告された結晶構造と，熱力学特性・磁気特性・光学特性などが登録されているデータベースである．データベースの開発は 2002 年より行われており，2022 年 11 月現在，約 50 万件の結晶構造が登録されている．MPDS は，実験により得られたデータも含むことから，登録されている物性値が多様であることが特徴である．

　以上で説明したデータベースを機械学習に利用する際には，登録されている結晶構造や物性値の取得方法に注意する必要がある．第一原理計算によって得られた結晶構造には，合成困難な構造が含まれていることも多い．Materials Project に含まれる LaS (ID: mp-1068462)[12]が良い例である．このようなデータは，第一原理計算を行う際の初期構造が問題であり，得られた結晶構造の熱力学的安定性により除去できる．また，多くのデータベースでは，信頼度の高い ICSD に登録されているデータのみを取得できる．物性値についても，計算条件や実験条件の設定によって精度は大きく変化するため，一度確認することが望ましい．

　その他のデータベースとしては，学術論文などのテキストマイニング[13]によって開発されているデータベースも存在し，Citrination [38] が有名である．国内でも，拡散特性や超伝導特性などの多様な物性値を扱う MatNavi [39] や主に熱電特性のデータを扱う Starrydata [40] などの開発が行われている．さらに，Open Catalyst Project [41] のような企業によるデータセットの整備の動きも見られる．取り上げられなかったデータベースについては，レビュー論文など [42, 43, 44] によくまとまっている．

12　https://materialsproject.org/materials/mp-1068462, (Accessed 11/16/2022)
13　大量の文章データなどから有益な情報を抽出すること．

第1章

有機化合物に対する予測モデル

　有機化合物に対して物性値・活性値を予測する深層学習モデルを設計しようとすると，データセットに対する前処理・分子構造からの特徴抽出の方法・ネットワーク構造の設計・訓練方法の設定など，考慮すべき事項が多い．さらに，利用できるデータセットの規模や予測モデルに要求される性能・機能などがモデル設計をより複雑にしている．本章では，有機化合物に対する予測モデルについてのいくつかのケーススタディを取り上げ，モデル設計の方法や予測モデルの活用例を概観する．

1.1　マルチタスク学習を利用したポリマーの物性予測

　ポリマー (polymer) は，その構成単位の**モノマー** (monomer) の構造・モノマーが集まった**高分子** (macromolecule) の構造・ポリマーに含まれる高分子同士の相互作用といった様々な要因により多種多様な物性を示す．これまでにもポリマーを利用した有機高分子材料は多数開発されており，その過程でポリマーに対する物性のデータも蓄積されてきた．

　しかし，物性値の取得しやすさが物性によって異なるため，物性ごとに利用できるサンプルの数は異なる．利用できるサンプル数が比較的少ない物性に対して深層学習を適用しようとすると，過剰適合により，Gauss過程回帰モデルのような非深層学習モデルよりも予測性能が悪くなる可能性がある．このようなデータセットに対して深層学習で良い予測性能を得るには，訓練方法を工夫する必要がある．

　サンプル数が少ない物性について予測するのに，他の物性についてのデータセットも活用できると期待される．例えば，ある物性の実測値をA，量子化学計算によるAの計算値をBとしよう (図 1.1)．物性値Aのデータを得るのには測定を伴うため，Aについては利用できるサンプル数が少ないことが多い．一方で，計算値Bは実測値Aと比べると誤差が大きい可能性はあるものの，多数の分子に対して量子化学計算を実施することでBについてのサンプルはある程度の数を確保できる．同一のポリマーに対する物性値Aと計算値Bには明らかに正の相関があるはずだから，物性値Aの予測には計算値Bの情報が活用できるだろう．このように，二つの物性値がある程度相関しているなら，一方の物性のデータは他方の物性についての情報を部分的に含んでいると考えられるので，これら二つのデータセットを組み合わせて深層学習モデルを訓練すれば予測性能の改善が見込める．

　複数の物性データセットを組み合わせてネットワークを訓練する**転移学習** (transfer learning) の方法の一つに，一つのネットワークで複数の物性値を予測できるようにする**マルチタスク学習** (multi-task learning) が

図 1.1　物性値 A とその計算値 B のデータセット. 物性値 A のデータセット
は小規模だが, 計算値 B のデータセットは物性値 A よりも大きな規
模のデータセットになることが多い.

ある[1]. マルチタスク学習は, 複数個の物性値付きデータセットを利用す
る場合や, 各データセットに含まれるサンプル数があまり多くない場合[2]
などに向いている. また, 予測したい物性値が複数ある場合に, 一つずつ
シングルタスク学習[3]でモデルを訓練する手間が省けるのも特徴である.
本節では, 論文 [45] で報告されたマルチタスク学習によるポリマーの物
性予測について説明する.

1.1.1　モデル訓練のための準備

(1) 利用するデータセット

　この論文では, 密度汎関数理論 (Density Functional Theory, DFT)
による各種物性の計算値と, 文献やデータベースなどから得られた各種
物性の実測値からなる 36 個の異なる物性データセット (総サンプル数は

1　姉妹書 [1] の転移学習についての節 (3.2.2 節) も, あわせて参照されたい.

2　ファインチューニングや自己教師あり学習といった間接的に知識を転移させる方法では,
　まず転移元のデータセット (**ソースデータセット**, source dataset) でネットワークを訓練
　した後, 転移先のデータセット (**ターゲットデータセット**, target dataset) で再度ネット
　ワークを訓練する. ソースデータセットでの事前学習はネットワークにソースデータセッ
　トのもつ情報を獲得させようとする操作であるから, それに足るだけの十分な規模のソー
　スデータセットを利用するのが望ましい (典型的には, 10 万件を超えるようなかなり大規
　模のデータセットを利用することが多い). 「データセットに含まれるサンプル数があまり
　多くない」というのは, そのデータセットを利用してネットワークの事前学習を実施する
　には不十分な規模だという意味合いである.

3　与えられた入力に対して, 単一の値を予測するモデルを構築する通常の訓練方法をシング
　ルタスク学習と呼ぶ.

23,616 件) を利用している[4]．これらのデータセットは，各ポリマーの繰り返し単位の SMILES 文字列と物性値の組からなる．これらの物性値は，Young 率のような力学的物性，バンドギャップやイオン化エネルギーのような電気的物性，といったように六つのカテゴリに分類されている．

(2) 物性値の正規化

　物性値の値域が大きいと，ネットワークの訓練時に予測値との大きな誤差が生じる場合がある．発生した誤差は誤差逆伝播法で計算されるモデルパラメータの更新量に影響するため，誤差が大きくなるとモデルパラメータが大きく変化し，訓練が不安定になる．こうした状況が起こるのを防ぐため，物性値を適当な方法で**正規化** (normalization) [46] しておくと良い．この論文では正規化の方法として，**ロバストスケーリング** (robust scaling) や**対数変換** (logarithmic transformation) が利用されている[5]．

　実数値からなる集合 $\mathscr{X} = \{x_1, \ldots, x_N\} \subseteq \mathbb{R}$ に対して，第 1 四分位数を $Q_1(\mathscr{X})$，第 2 四分位数 (中央値) を $Q_2(\mathscr{X})$，第 3 四分位数を $Q_3(\mathscr{X})$ と表記する[6]．ロバストスケーリングでは，$\mathscr{X}$ の各値 x_n ($n \in [N]$) に対して，中央値 $Q_2(\mathscr{X})$ からの偏差 $x_n - Q_2(\mathscr{X})$ を四分位範囲 $\mathrm{IQR}(\mathscr{X}) := Q_3(\mathscr{X}) - Q_1(\mathscr{X})$ で割る変換を適用する．すなわち，

---

[4]　データベースに登録されているデータは既に構造化されているので比較的扱いやすいが，自分で実験して得たデータや文献に記されたデータを利用してモデルを構築したい場合は，データを正しく構造化する作業が必要になるだろう．例えば，日付の記載方法を揃える・英数字は半角文字に揃えるなど，データを記録する際のフォーマットを揃えておくとモデル構築時のデータ前処理の手間が軽減される．また，データに注釈などを併記したい場合は備考欄を別途作るなどして，一つの項目には必ず一つの項目のみを記すことを徹底するとよい．そして当然ではあるが，化合物の SMILES 文字列・測定値・単位などについては，誤記がないように十分確認する必要がある．こうした作業は通常かなりの時間を要するものであるが，後のプロジェクトでも利用しうることを考慮して，ぜひとも新たなデータベースを作るつもりで丁寧に作業されたい．

[5]　その他の正規化の方法には，値の平均・分散がそれぞれ 0・1 になるよう変換される**標準化** (standardize) や，1.1.1 節 (4) で紹介する **Min–Max 正規化** (min–max normalization) などがある．どの正規化を適用するのが適当かは，物性値の傾向をよく観察した上で決める必要があるだろう．

[6]　$\mathscr{X}$ の中央値よりも小さい $\mathscr{X}$ の要素の集合 $\mathscr{X}_{<Q_2}$ の中央値が第 1 四分位数，$\mathscr{X}$ の中央値よりも大きい $\mathscr{X}$ の要素の集合 $\mathscr{X}_{>Q_2}$ の中央値が第 3 四分位数である．

$$x_n \leftarrow \frac{x_n - Q_2(\mathscr{X})}{\text{IQR}(\mathscr{X})} \quad (n \in [N])$$

と変換する．ロバストスケーリングを用いると，外れ値の影響を小さくしたうえで値域を狭めることができる．

また対数変換では，集合 $\mathscr{X} = \{\, x_1, \ldots, x_N \,\} \subseteq \mathbb{R}$ に含まれる各値に対して，

$$x_n \leftarrow \log_c(x_n + a) \quad (n \in [N])$$

と変換する (ただし，$x_{\min} = \min_{x \in \mathscr{X}} x$ として，$a > -x_{\min}$). この論文では，$a = 1, c = 10$ とした対数変換が利用されている．対数変換も，値域を狭めるのに役立つ．

(3) 物性値同士の相関の確認

マルチタスク学習が効果を発揮するには，各物性値間にある程度の相関があると望ましい．このため，各物性値同士の相関がどの程度であるかを確認しておくのが良いだろう．この論文では，Pearson 相関係数を計算することで，ある程度相関のある物性値の組がどの程度存在しているかを確認している．傾向として，同一の物性カテゴリに属する物性同士は比較的強い相関があることが確認されている．

(4) 記述子の作成と正規化

この論文では，各ポリマーの繰り返し単位の構造の情報を直接ネットワークに入力して特徴抽出する代わりに，構造からネットワークに入力する記述子ベクトルを明示的に構築している．利用している記述子は，繰り返し単位に含まれる各原子の周囲の局所的な構造を捉える記述子 (371 個)，RDKit [9] に実装されているような典型的な分子記述子 (522 個)，繰り返し単位全体の構造を捉える記述子 (60 個) の 3 種類に大別される．

これらの記述子に対しても，適当な正規化を実施するのが望ましい．入力変数の正規化を実施することで，各変数の値のスケールが異なることによる影響を取り除いたり，訓練を高速化したりする効果が期待できる [46]. ここでは，**Min–Max 正規化** (min–max normalization) を利用して値域が $[0, 1]$ になるように変換している．すなわち，実数値からな

る集合 $\mathscr{X} = \{ x_1, \ldots, x_N \} \subseteq \mathbb{R}$ に対して，

$$x_n \leftarrow \frac{x_n - x_{\min}}{x_{\max} - x_{\min}} \quad (n \in [N])$$

によって変換する．ここで，$x_{\min} = \min_{x \in \mathscr{X}} x$, $x_{\max} = \max_{x \in \mathscr{X}} x$ である．

(5) データセットの分割

　予測モデルの性能評価のためには，訓練に利用しないテストデータセットを性能評価用に残し，残りのデータセットを訓練データセットとする．テストデータセットを一つに固定することも多いが，テストデータセットの選ばれ方によっては，モデルの予測性能を過大評価/過小評価する可能性がある[7]．そこでこの論文では，5-fold のクロスバリデーション[8]を利用することでいろいろなテストデータセットに対する平均的な予測性能を確認している．

1.1.2　利用する手法

　モデルには，3 層の全結合型ニューラルネットワークを利用している．はじめの 2 層では，各ユニットで**パラメトリック ReLU** (parametric ReLU, PReLU) [47] と呼ばれる ReLU を拡張した関数を用いることで，

---

[7]　テストデータセットは，実際にモデルを利用する状況を想定して，その状況を模擬できるように作成するのが望ましい．これは，テストデータセットのサンプルの分布と実際にモデルに入力されうるサンプルの分布が異なると，テストデータセットに対する予測性能が良かったとしても実際にモデルに入力されるサンプルに対する予測性能が良いとは限らず，テストデータセットでの性能評価が意味をなさないからである．データセットからのランダムサンプリングでテストデータセットを作るのが標準的に利用されているが，正解値や部分構造・フィンガープリントなどの分子構造の特徴を考慮したクラスタリングを実施したうえで，クラスタ比率を保持できる**層化サンプリング** (stratified sampling) や分割したクラスタのうちの一部をまるごとサンプリングする**クラスタサンプリング** (cluster sampling) を利用する方が適切なこともある．検証データセットを作成する場合も同様に，テストデータセットのサンプル分布を模擬して作ると，テストデータセットでの予測性能を検証データセットでうまく評価できるようになる．

[8]　k-fold の**クロスバリデーション** (cross-validation) では，ほぼ同数のサンプル数を含むようにデータセットを k 個のサブデータセットに分割して，k 回のモデル構築を実施する．各モデル構築の試行では，$k-1$ 個のサブデータセットが訓練データセットに，残りの 1 個のサブデータセットがテストデータセットに設定される．各サブデータセットは，ちょうど 1 回ずつテストデータセットに選ばれる．

非線形変換を適用している．PReLU は訓練で決定されるパラメータ a を
もっており，以下の式で与えられる．

$$\mathrm{PReLU}(x) := \begin{cases} x, & (x \geq 0) \\ ax. & (x < 0) \end{cases}$$

各層のユニット数は，Hyperband [48] と呼ばれるハイパーパラメータ
最適化アルゴリズムにより決定されている．また，これらの層ではドロッ
プアウトも実施している．最終層は出力層であり，物性値の値域は特に制
限されていないため，ここでは非線形変換を行わない．

　マルチタスク学習の方法として，図 1.2 に示すように，入力に対してす
べての物性値の予測を出力するモデル (NN-MT1) と入力時に出力すべき
物性値を指定することで単一の出力を得るモデル (NN-MT2) の 2 種類の
方法を検討している．NN-MT1 では出力層のユニット数を，考慮する物
性値の種類数と同じ 36 個に設定することで，すべての物性値の予測 y を
出力する．一方，NN-MT2 では出力層のユニット数を 1 とし，記述子ベ
クトル x に one-hot ベクトル s を結合したベクトル[9]$x \oplus s$ を入力に利用
する．結合する one-hot ベクトル s の次元を，考慮する物性値の種類数
と同じ 36 次元に設定することで，出力すべき物性値 y_s を指定できる．

　また，性能比較のベンチマークとして，シングルタスク学習で各物性値
を Gauss 過程回帰 [49, 50] により予測するモデル (GP-ST) と，同じくシ
ングルタスク学習で各物性値を上述の全結合型ニューラルネットワークで
予測するモデル (NN-ST) を利用している．NN-ST の構造は NN-MT2
と入力層のみが異なっている．

1.1.3　性能評価

　論文の著者らは，NN-MT1・NN-MT2・GP-ST・NN-ST の四つのモ
デルで 36 個の物性値をそれぞれ予測することで性能を評価している．性
能評価指標には，5-fold クロスバリデーションにおける各テストデータ
セットに対する根平均二乗誤差 (RMSE) の平均値を利用している．

9　ベクトルの結合の定義は付録に記載してある．

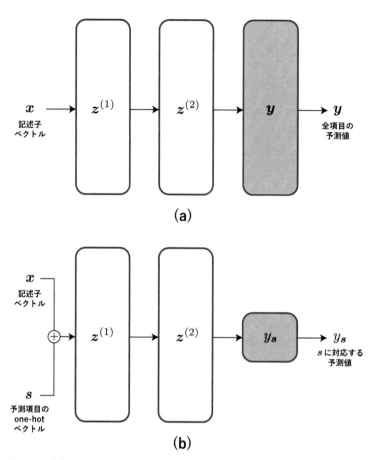

図 1.2　論文 [45] で利用しているネットワークの構造．角丸四角は層を表し，
　　　　色付きの層は出力層を表す．また，$z^{(i)}$ $(i = 1, 2)$ は隠れ層の出力変
　　　　数，y, y_s はネットワークの出力である．(a) NN-MT1. 入力された
　　　　記述子ベクトル x に対して，すべての物性値の予測 y を出力する．
　　　　(b) NN-MT2. ⊕ はベクトルを結合する操作を表す．記述子ベクトル
　　　　x と one-hot ベクトル s を入力すると，s に対応した物性値の予測 y_s
　　　　を出力する．

　結果として，マルチタスク学習を利用したモデルの方がシングルタスク
学習で訓練するモデルよりも概して良い予測性能が得られた．ただし，サ
ンプル数が比較的多い物性データセットに対しては，シングルタスク学習

のモデルのほうが性能よく予測できていた．マルチタスク学習するモデル
では，サンプルの数が少ない物性データセットに対してもうまく予測でき
るようにするため，どのデータセットに対しても平均的に誤差が小さくな
るようにモデルが訓練される傾向が確認された．また，物性間に相関がみ
られるカテゴリに対する予測性能は，マルチタスク学習の優位性が顕著に
表れていた．特に，各物性カテゴリに分類されるデータセットのみを利用
したマルチタスク学習を実施することで，最良の予測性能が得られてい
る．以上のことから，物性データセットに含まれるサンプルの数が少ない
場合には，それと相関の高い物性に対するデータセットを利用してマルチ
タスク学習を実施することで，シングルタスク学習での予測性能を上回る
予測性能が得やすいことが示唆された．

　さらに，マルチタスク学習を実施した二つのモデルを比較すると，
NN-MT2 のほうが NN-MT1 よりも良い予測性能が得られていた．論文
の著者らは，NN-MT1 で予測性能が低下してしまっている原因として，
多くのサンプルに対して欠測している物性値が多いことを挙げている．欠
損している物性値に対しては予測値との誤差を算出できないため，ネット
ワーク内の当該の物性値を算出するのに関わる部分に誤差を逆伝播でき
ず，モデルパラメータが更新されにくくなってしまっていると考えられ
る．一方で NN-MT2 では，出力すべき物性値を入力で指定しているた
め，必ず予測誤差を算出できる．このため，誤差をネットワーク全体に逆
伝播することができ，モデルパラメータがうまく最適化できていると予想
される．

　他にも，論文の著者らは RMSE を利用した性能評価の他にも，SHAP
値 [51, 52] を利用して各記述子と物性値との関係性を考察している．モ
デルへの入力に記述子ベクトルを明示的に構成したことで，このようなモ
デルの解釈が実施できるようになっている．

1.2　物理情報付きニューラルネットワークの転移学習を利用したポリマーの物性予測

　1.1 節でも述べたとおり，ポリマーのデータセットのように利用できるサンプル数が比較的少ない場合は，モデルが過剰適合するのを防ぐために訓練方法を工夫する必要がある．1.1 節で紹介した手法ではマルチタスク学習が利用されており，関連する複数の物性値を同時に予測できるようにすることで，別の物性についての知識を活用してネットワークを訓練していた．本節では，物理法則に関する知識を活用した**物理情報付きニューラルネットワーク** (physics-informed neural network) [53, 54, 55] による手法を紹介する．

　物理情報付きニューラルネットワークは，対象が満たすべき物理法則に関する知識をモデルのネットワーク構造や損失関数に組み込んで訓練するネットワークを指す．このようなネットワークで抽出される特徴ベクトルは，考慮した物理法則に対して整合性が取れるようなものになると期待される．物理情報付きニューラルネットワークで回帰・分類タスクを解く際は，こうした物理法則に関連した情報も予測に利用できるようになる．このため，ネットワークに入力されるサンプルが当該の物理法則に従う限り，訓練サンプルとは分子構造が類似していない外挿サンプルであっても目的物性の回帰・分類に必要な情報を抽出できると期待される．

　化学においては，分子の波動関数や電子密度といった量子化学的な特徴量が様々な物性にしばしば関与する．このような物性を予測する場合，量子化学的な特徴量に関連する物理法則の情報を与えて訓練した物理情報付きニューラルネットワークを用いると，物理法則の情報が有効活用されて目的物性をうまく予測できる可能性がある．

　以上の考察をもとに考案されたのが，**Quantum Deep Descriptor** (QDD) [56] である．QDD は，**Quantum Deep Field** (QDF) [57] と呼ばれる，DFT 計算値を用いて事前訓練したモデルで抽出される特徴ベクトルである．QDF は物理情報付きニューラルネットワークになっており，Hohenberg–Kohn の第 1 定理[10] [58] に基づいた物理的な制約が課

されている．以下では，QDF と QDD について概説した後，QDD を用
いたポリマーの物性予測についてのケーススタディを紹介する．

1.2.1 モデル訓練のための準備

(1) 利用するデータセット

この論文では，QM9 データセット [21] をソースデータセットに用いて
QDF を訓練している．QM9 データセットは 133,885 件のサンプルから
なるデータセットで，水素原子以外の重原子 (炭素・窒素・酸素・フッ素
原子) が 9 個までの分子に対する立体構造と各種物性値の DFT 計算値が
記録されている．特に，ここでは原子化エネルギー・HOMO・LUMO
の三つの物性値を利用している．

また，QDD による回帰には，Huan らによって作成されたポリマー
データセット [59] に含まれる 348 件のサンプルをターゲットデータセッ
トに利用している．このデータセットに含まれるポリマーは繰り返し単位
のモノマーの立体構造で指定されており，ポリマーに対する各種物性値の
DFT 計算値が記録されている．特に，ここでは原子化エネルギー・バン
ドギャップ・比誘電率のイオン分極による寄与・比誘電率の四つの物性値
を利用している．一つの分子に含まれる重原子の数は最大で 72 個となっ
ており，QM9 データセットよりも大きなサイズの分子も含まれている．

ただし，QDF の転移学習を実施するために，データセット内の分子が
含む原子種をソースデータセットとターゲットデータセットで一致させる
必要がある．これは，QDF の特徴抽出の際に QDF に入力される原子種
を事前に設定しておく必要があるためである (詳細は 1.2.2 節 (1) の特徴
ベクトルの構成に関する項を参照)．ここで用いる二つのデータセットに
含まれる分子はすべて，水素・炭素・窒素・酸素・フッ素原子で構成され
ている．

10　Hohenberg–Kohn の第 1 定理は，電子密度と外場ポテンシャルが 1 対 1 対応すること
　　を主張する定理であり，密度汎関数理論の基礎をなしている．

(2) 立体構造の処理

QDF に入力するために，分子の立体構造を前処理する必要がある．M 原子からなる分子の立体構造データ $M = \{\,(a_m, R_m) \mid m \in [M]\,\}$ が与えられたとする．ここで，a_m は原子 m の種類を表すラベル，$R_m \in \mathbb{R}^3$ は原子 m の (中心の) 座標である．この立体構造データ M に対して，**場** (field) という座標の集合 $\mathcal{G}_M \subseteq \mathbb{R}^3$ を次の手順で構成する．

まず，半径 s Å とグリッドの間隔 g Å を事前に定めておく．続いて各原子 m に対して，1 辺 $2s$ Å の立方体を座標軸と平行で中心が R_m と一致するように配置し，この立方体を g Å 間隔でグリッドに分割する．得られたグリッド点の中で，原子 m の中心 R_m と一致せず，R_m からの距離が s Å 以下のものを S_m とし，場を

$$\mathcal{G}_M = \{\,r_k \mid k \in [K]\,\} := \bigcup_{m=1}^{M} S_m$$

と定める[11]．以上の手順で構成された場の各点は，後述の QDF において，その点における各分子軌道の値に相当する特徴ベクトルの計算に利用される．

なお，分子の回転のような座標系を固定するための前処理[12]を実施する必要はない．これは，QDF では特徴ベクトルの計算の際に場の点と原子位置の間の距離のみを利用しており，入力される座標を回転させても出力が一致する (回転変換に対して不変になる) ようになっているからである．

1.2.2　利用する手法

(1) Quantum Deep Field (QDF)

QDF は，分子の立体構造データ M と対応する場 $\mathcal{G}_M$ をもとに分子軌道に相当する特徴ベクトルをつくる特徴抽出部分と，この特徴ベクトルを入力にとる 2 種類の全結合型ニューラルネットワークからなる (図 1.3)．

11　場の定義の仕方から，M によって場に含まれる点の数 K は変化しうることに注意する．よって，K の M への依存性を表現するならば K の代わりに K_M とでも書くべきであるが，煩雑になるので以下でも K と表記している．

12　姉妹書 [1] の立体構造に対する前処理の項 (3.1.3 節) も参照されたい．

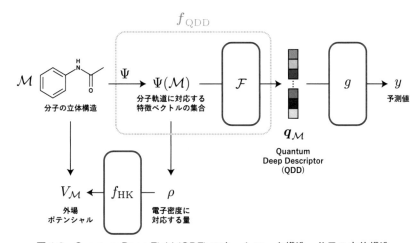

図 1.3 Quantum Deep Field (QDF) のネットワーク構造．分子の立体構造
データ $\mathcal{M}$ から，特徴ベクトルの集合 $\Psi(\mathcal{M})$ が計算される．特徴ベ
クトルの集合 $\Psi(\mathcal{M})$ をニューラルネットワークによる変換 $\mathcal{F}$ でベ
クトル $q_{\mathcal{M}}$ に変換した後，線形回帰モデル g で物性の予測値 y を得
る．この他に，特徴ベクトルの集合 $\Psi(\mathcal{M})$ から計算される電子密度
に対応する量 ρ から，ニューラルネットワーク f_{HK} により $\mathcal{M}$ に対す
る外場ポテンシャル $V_{\mathcal{M}}$ を予測する機構を持っている．QDF の訓練
では，物性の予測値が正解値に近づくだけでなく，外場ポテンシャ
ル $V_{\mathcal{M}}$ もうまく予測できるようにすることで，Ψ によって $\mathcal{M}$ の分
子軌道に相当する特徴ベクトルが抽出できるようにしている．訓練
後に $f_{\text{QDD}} = \mathcal{F} \circ \Psi$ で $\mathcal{M}$ から計算される $q_{\mathcal{M}}$ は，Quantum Deep
Descriptor (QDD) と呼ばれる．

2 種類のニューラルネットワークのうち，一方のニューラルネットワーク
は物性値の回帰に利用され，もう一方は作成した特徴ベクトルが分子軌道
に相当する情報を抽出できるように制限する役割を持つ.

特徴ベクトルの構成　QDF の特徴抽出部分では，分子の立体構造
データ $\mathcal{M}$ が入力されると，1.2.1 節 (2) の方法で作った $\mathcal{M}$ の場
$\mathcal{G}_{\mathcal{M}} = \{\, r_k \mid k \in [K] \,\}$ の各点 r_k に対して D 次元の特徴ベクトル

$$\psi(r_k) = \begin{pmatrix} \psi_1(r_k) \\ \vdots \\ \psi_D(r_k) \end{pmatrix} \in \mathbb{R}^D \quad (k \in [K])$$

35

を算出する．この特徴ベクトルの各要素 $\psi_d(r_k)$ $(d \in [D])$ は，r_k におけ
る M の分子軌道の値に相当するように計算される[13]．すなわち，QDF
に入力されうる原子の各原子軌道それぞれに対して一定個数の基底関数[14]
を用意しておき，これらの線形結合により $\psi_d(r_k)$ を計算する．ここで用
いられる基底関数の軌道指数と各基底関数の係数はモデルパラメータであ
り，訓練によって決定される．

特徴ベクトルの各要素 $\psi_d(r_k)$ が r_k における M の分子軌道の値に相当
するようにするために，$\psi_d(r_k)$ に対して物理的な制約が考慮されている．
具体的には，

$$\rho(r) = \sum_{d=1}^{D} |\psi_d(r)|^2 \tag{1.1}$$

を位置 r での電子密度として，分子内に含まれる電子数

$$N_e = \int \rho(r)\,dr = \int \sum_{d=1}^{D} |\psi_d(r)|^2\,dr \approx \sum_{k=1}^{K} \sum_{d=1}^{D} |\psi_d(r_k)|^2$$

が一定となるように各要素 $\psi_d(r_k)$ を

$$\psi_d(r_k) \leftarrow \sqrt{\frac{N_e}{D}} \frac{\psi_d(r_k)}{\sum_{k'=1}^{K} |\psi_d(r_{k'})|^2} \quad (d \in [D];\ k \in [K])$$

と更新している．

こうして，分子の立体構造データ M に対して特徴ベクトルの集合
$\Psi(M) := \{ \psi(r_k) \mid k \in [K] \}$ が対応する．得られた特徴ベクトルの集合
$\Psi(M)$ は 2 種類のニューラルネットワークに入力される[15]．

13　ただし，必ずしも実際の分子軌道を近似するようなものにはなっていないことに注意す
　　る．

14　具体的には，6-31G 基底関数系の動径部分のみを考慮した Gauss 型軌道が用いられてい
　　る．

15　集合 $\Psi(M)$ の要素数は M の場に含まれる点の数 K と一致する．K は M に依存した値
　　であったから，やはり $\Psi(M)$ の要素数も M によって変化する．このため，$\Psi(M)$ を入
　　力するネットワークは，可変長の入力に対応できるような仕組みになっていることに注意
　　する．

回帰用ネットワーク　回帰用ネットワークでは，特徴ベクトルの集合 $\Psi(M)$ から物性値を予測する．論文では，各特徴ベクトル $\psi(r_k) \in \Psi(M)$ $(k \in [K])$ に対して，まずは同一の全結合型ニューラルネットワーク[16] $f: \mathbb{R}^D \to \mathbb{R}^D$ を適用している．こうして K 個のベクトル $f(\psi(r_k))$ $(k \in [K])$ が得られた後，M に対する D 次元の特徴ベクトル q_M を，K 個のベクトルの平均を取って

$$q_M = \mathcal{F}(\Psi(M)) := \frac{1}{K} \sum_{k=1}^{K} f(\psi(r_k))$$

と定める．以上の方法で，特徴ベクトルの集合 $\Psi(M)$ から分子構造 M の特徴ベクトル q_M を算出する操作 $\mathcal{F}$ が定まる[17]．

特徴ベクトル q_M が得られた後は，線形回帰により物性値を

$$\hat{y} = g(q_M) := c^\top q_M + c_0$$

と予測する $(c, c_0$ はパラメータ)．訓練では，予測値 $\hat{y}$ が正解値 y と近くなるようにパラメータを調節することになる．

物理制約ネットワーク　回帰用ネットワークで出力される予測値が正解値と近くなるように訓練するだけでは，$\Psi(M)$ が分子軌道に相当するようなパラメータが得られるとは限らない．そこで，特徴ベクトルの集合 $\Psi(M)$ が M の分子軌道らしく振る舞うようにするため，補助的なニューラルネットワークを利用してさらなる制約をかける．

Hohenberg–Kohn の第 1 定理によれば電子密度 $\rho(r)$ と外場ポテンシャル $V(r)$ が 1 対 1 対応するので，外場ポテンシャルを与えれば，このポテンシャルは電子密度の関数として表現できるはずである．そこで，$M = \{(a_m, R_m) \mid m \in [M]\}$ に対する外場ポテンシャルとして

16　このネットワークの隠れ層のユニット数はすべて D 次元に設定されており，活性化関数には ReLU が利用されている．

17　$\mathcal{F}$ は，集合の各要素を f で写してから平均をとることで可変長の入力に対応している．特に，平均を取る操作は場の点の番号付けに依らず同じ出力を得る置換不変な操作であるから，集合 $\Psi(M)$ を入力にとる操作として妥当であると考えられる．

37

$$V_{\mathcal{M}}(r) = -\sum_{m=1}^{M} Z_m e^{-\|r - R_m\|^2}$$

(Z_m は原子 a_m の核電荷) の形のものを与えることにして，$\rho(r)$ から $V_{\mathcal{M}}(r)$ を予測するニューラルネットワーク $f_{\text{HK}} \colon \mathbb{R} \to \mathbb{R}$ を構築する．このネットワークは **Hohenberg–Kohn 写像** (Hohenberg–Kohn map) と呼ばれており，全結合型ニューラルネットワークで構成されている[18].

式 (1.1) を用いると，特徴ベクトルの集合 $\Psi(\mathcal{M})$ から場の各点での電子密度に対応する量 $\rho(r_k) = \sum_{d=1}^{D} |\psi_d(r_k)|^2 \in \mathbb{R}$ $(k \in [K])$ を計算できる．この $\rho(r_k)$ に Hohenberg–Kohn 写像を適用することで，場 $\mathcal{G}_{\mathcal{M}}$ の各点における外場ポテンシャルの予測値

$$\hat{V}_{\mathcal{M}}(r_k) = f_{\text{HK}}\big(\rho(r_k)\big) \quad (k \in [K])$$

が得られる．各予測値 $\hat{V}_{\mathcal{M}}(r_k)$ が $V_{\mathcal{M}}(r_k)$ をうまく近似できるように訓練することで，特徴ベクトルの集合 $\Psi(\mathcal{M})$ が $\mathcal{M}$ の分子軌道に相当するように，特徴抽出部分の軌道指数と各基底関数の係数が調節されていくと期待される．

QDF の訓練と Quantum Deep Descriptor (QDD)　QDF の訓練では，N サンプルからなるデータセット $\mathscr{D} = \big\{ (\mathcal{M}_n, y_n) \mid n \in [N] \big\}$ に対して定まる 2 種類の損失関数を利用している (y_n は $\mathcal{M}_n$ に対する正解値)．一つは回帰用ネットワークに関連する損失関数 $\mathcal{L}_{\text{reg}}$ である．特徴抽出部分のパラメータ (軌道指数と各基底関数の係数) をまとめて W_{ext}，回帰用ネットワークを構成する f, g のパラメータをまとめて W_{reg} と書くと，$\mathcal{L}_{\text{reg}}$ は

$$\mathcal{L}_{\text{reg}}(W_{\text{ext}}, W_{\text{reg}}) = \sum_{n=1}^{N} \big| y_n - g(\mathcal{F}(\Psi(\mathcal{M}_n))) \big|^2$$

と表される．もう一つは物理制約ネットワークに関連する損失関数 $\mathcal{L}_{\text{HK}}$ である．Hohenberg–Kohn 写像のパラメータをまとめて W_{HK} と書く

18　隠れ層のユニット数はすべて同じ次元に設定されており，活性化関数には ReLU が利用されている．

と, $\mathcal{L}_{\text{HK}}$ は

$$\mathcal{L}_{\text{HK}}(W_{\text{ext}}, W_{\text{HK}}) = \sum_{n=1}^{N} \sum_{r \in \mathcal{G}_{M_n}} \left| V_{M_n}(r) - \hat{V}_{M_n}(r) \right|^2$$

と表される. 訓練時は, $\mathcal{L}_{\text{reg}}$ と $\mathcal{L}_{\text{HK}}$ が交互に最小化される.

QDF の訓練後, 分子 M に対して計算される特徴ベクトルの集合 $\Psi(M)$ は, 物理制約ネットワークによる制約の影響で M の分子軌道のように振る舞うことが期待される. さらに, 特徴ベクトル $q_M = (\mathcal{F} \circ \Psi)(M)$ には M の分子軌道と物性値の予測に寄与する情報が含まれていると期待される. この特徴ベクトル q_M を分子 M の Quantum Deep Descriptor (QDD) と呼ぶ. 以降のポリマーデータセットでの転移学習では, Ψ と $\mathcal{F}$ に含まれるパラメータを固定して, QDD を計算するネットワーク $f_{\text{QDD}} := \mathcal{F} \circ \Psi$ を分子構造からの特徴抽出器として利用する. このように, 転移の際にネットワークのパラメータを固定して更新しないようにすることを, ネットワークの**凍結** (freezing) と呼ぶ.

(2) ポリマーデータセットでの転移学習

ポリマーデータセットでの転移学習では, 分子構造に対する QDD を線形回帰することで物性値を予測する (図 1.4). つまり, 分子構造 M' に対する物性値 z を

$$q_{M'} = f_{\text{QDD}}(M'),$$
$$\hat{z} = h(q_{M'}) := w^\top q_{M'} + w_0$$

で予測する[19]($w = (w_1, \ldots, w_N)^\top, w_0$ はパラメータ). なお, QDD の計算に利用するネットワークは凍結されているので, ポリマーデータセットでの訓練で決定されるのは w, w_0 のみであることに注意する.

訓練では, T サンプルからなるポリマーデータセット $\mathcal{D}' =$

---

[19] h は単純な線形回帰モデルであるが, これを複数層の全結合型ニューラルネットワークにするなどの工夫も考えられる. ただし, その場合はモデルパラメータ数が大きくなりモデルの自由度が高くなってしまうため, ターゲットデータセットのサンプル数が少なすぎる状況ではパラメータの最適化がうまくいかない可能性もある. このため, モデルパラメータ数を増やすのであれば, 適当な正則化手法を併用しておくのが良いだろう.

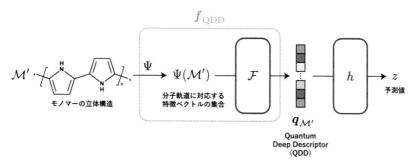

図 1.4　QDF の転移学習．入力されるポリマーの分子構造 $\mathcal{M}'$ から f_{QDD} により QDD$q_{\mathcal{M}'}$ を計算し，線形回帰モデル h で回帰値 z を得る．f_{QDD} のパラメータは凍結されている．

$\{(\mathcal{M}'_t, z_t) \mid t \in [T]\}$ に対して定まる損失関数 $\mathcal{L}_{\text{trans}}$ を最小化することで，予測値と正解値の差を小さくすることを目指す．ここでは，単純に差が小さくなるようにするだけではなく過剰適合の防止のために L2 正則化を用いているため，損失関数は

$$\mathcal{L}_{\text{trans}}(w, w_0) = \sum_{t=1}^{T} \left| z_t - h\left(f_{\text{QDD}}(\mathcal{M}'_t)\right) \right|^2 + \lambda \sum_{i=0}^{N} w_i^2$$

と設定されている（$\lambda > 0$ は正則化の程度を決定するハイパーパラメータ[20]）．

1.2.3　性能評価

　論文では，QDD と既存の特徴抽出手法と比較することで，QDD を利用した転移学習の性能を評価している．ここで比較に利用された手法は，Many-Body Tensor Representation (MBTR) [60] や Smooth Overlap of Atomic Positions (SOAP) [61] といった特徴抽出手法と，3 次元座

20　ここまでにも，ネットワークの層数・各層のユニット数・損失関数の最適化アルゴリズム・学習率・訓練エポック数といった様々なハイパーパラメータが存在している．ハイパーパラメータの設定次第でも訓練結果は変わるので，最良の予測性能を得たいのであれば，Bayes 最適化などの手法によるハイパーパラメータ最適化を実施するのが良いだろう．ただし，ハイパーパラメータの最適化にはふつう時間がかかるので，まずは論文に報告されているハイパーパラメータや多くの手法で採用されているハイパーパラメータなどに固定して試してみると良い．いずれにせよ，ある程度の試行錯誤は必要になるであろう．

標を利用するグラフニューラルネットワーク (Graph Neural Network, GNN) である．MBTR と SOAP については，MBTR と SOAP から特徴抽出して線形回帰するネットワークを全結合型ニューラルネットワークでそれぞれ構築し，QM9 データセットで事前学習した後の特徴抽出部分を凍結してポリマーデータセットでの訓練に転移させている．また GNN についても，分子の 3 次元座標から GNN で分子の特徴ベクトルを抽出して線形回帰するネットワークを構築し，QM9 データセットで事前学習した後の GNN 部分 (特徴抽出部分) を凍結して転移させている．これらの比較対象のニューラルネットワークには，特に物理的な制約を課していないことに注意する．

　まずは，QM9 データセットを利用した事前学習が実施された．原子化エネルギー・HOMO・LUMO の回帰とも SOAP が最小の平均絶対値誤差 (MAE) を達成しており，次いで MBTR と QDD が同等の MAE，GNN が最大の MAE となっていた．これらの訓練済みモデルを特徴抽出器として転移させる．

　ポリマーの原子化エネルギーとバンドギャップの予測に転移した結果，いずれも QDD を利用するモデルの予測性能が最高となった．また，ポリマーの比誘電率の予測に転移した場合は，QDD と SOAP による予測性能が同等に良い結果を与えた．この結果と転移学習で特徴抽出部分を凍結していることを考慮すれば，分子サイズや予測対象に依らず予測に寄与する情報を QDD でうまく抽出できていると考えられる．そして，物理的な制約を課していないネットワークでは QDD よりも転移学習の効果が小さかったことから，このような汎用的な情報を抽出するのに QDF の物理的な制約が寄与したことが示唆される．

1.3　予測の不確実性を考慮した PFAS の毒性予測

　ペルフルオロアルキル及びポリフルオロアルキル化合物 (per- and polyfluoroalkyl substances, PFAS) は，8,000 を超える化合物からなる有機フッ素化合物群の総称である [62]．2021 年の経済協力開発機構 (OECD) による PFAS の定義では，一つ以上の –CF$_3$ 基か，一つ以上の –CF$_2$– 基を含むものと定められている (図 1.5)．PFAS は，フォトレジスト・難燃剤・焦げ付き防止のコーティング・撥水繊維などと多岐にわたって利用されている一方で，その毒性も懸念されている．

　一般に，化合物に対する (急性) 毒性は半数致死量 (LD$_{50}$ 値，対象物質を投与してから一定期間内に実験動物群の半数が死亡する用量) で評価される．半数致死量は動物実験によって測定されるため，実験コストや倫理の問題から，PFAS の多くは定量的な毒性評価がなされていない．このため，PFAS に対して定量的に毒性を推定できる方法が求められており，機械学習を用いた毒性予測モデルが注目されている．

　毒性予測モデルを実用することを考えると，高い予測性能を持ったモデルを構築することはもちろん重要である．これに加えて，訓練したモデルによる予測結果を信頼するか否かを適切に判断できるようにすることも重要である．これは，化合物の毒性を実際よりも低く推定してしまうと，命に関わる結果を引き起こす可能性があるためである．しかし，一般に毒性発現のメカニズムは複雑であることや PFAS に対する毒性データの量が十分でないこと，毒性データには測定誤差が含まれうることなどが問題を

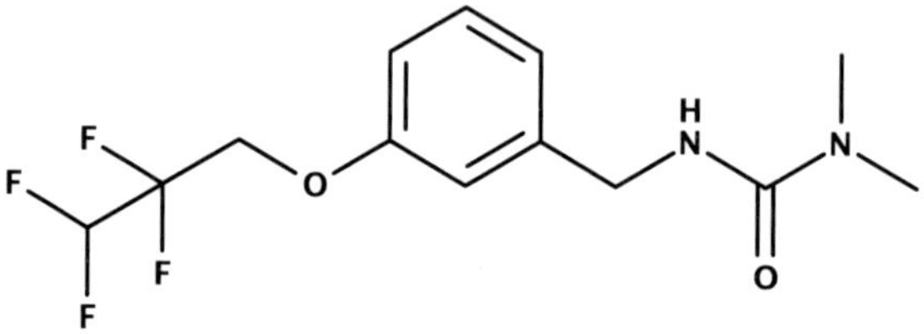

図 1.5　PFAS の例 (テトラフルロン)．–CF$_2$– 基を一つ含んでいる．

より困難にしている.

論文 [63] では，予測の不確実性を考慮できる機構を利用することでこの課題の解決を目指している. 非ポリマーの PFAS に対する毒性予測モデルを構築するワークフローが設計されており，このワークフローを**AI4PFAS** と呼称している. AI4PFAS では，**SelectiveNet** [64] と呼ばれる予測の不確実性を考慮して予測を棄権できる機構を持ったネットワークに対し，ラットに対する経口投与の LD_{50} 値付きの化合物データセットを用いた転移学習を実施している. このようなモデルがあると，例えば予測を棄権した化合物を優先的に試験するようにするなどと，毒性を測定すべき化合物を選定するのに役立つだろう. 以下では，AI4PFAS の概要を解説する.

1.3.1 モデル訓練のための準備

(1) 利用するデータセット

論文の著者らはまず，ラットに対する経口投与の LD_{50} 値 (の点推定値) を集めたデータセットである LDToxDB を作成した. これらの化合物の分子構造は SMILES 文字列で表記されており，データセット作成段階で SMILES 文字列を**正規化** (canonicalize) している[21]. また，収集したデータから重複化合物を除去しており，LDToxDB に含まれる最終的なサンプル数は 13,329 化合物となった.

アメリカ合衆国環境保護庁 (EPA) では，これらの化合物を LD_{50} 値によってカテゴリ I (高毒性)・II (中毒性)・III (低毒性)・IV (超低毒性) の四つに分類している. LDToxDB に含まれる化合物のうち大多数がカテゴリ III に属している. カテゴリ II と IV は次いで多く，同程度のサンプルを含む. そして最も少ないのがカテゴリ I である.

また，最終的に毒性を予測したい PFAS データセットを，EPA の DSSTox データベース [65] から取得している. このデータセットには

---

21 一つの分子構造に対応する SMILES 文字列は複数個存在することが多いが，利用するシステム・ライブラリに固有のアルゴリズムを利用することで，唯一の SMILES 文字列を対応させることができる. このようにして定まる一意的な SMILES 文字列に変換する操作を，SMILES 文字列の正規化と呼ぶ.

8,163 個の PFAS が含まれているが，ほとんどの化合物には LD_{50} 値が付与されていない．この PFAS データセットは，訓練した予測モデルの予測傾向を把握するのに用いられている．

(2) 毒性値の正規化

LDToxDB の LD_{50} 値は mg/kg の単位で与えられている．ここでは，化合物 1 分子ごとの毒性を評価するため単位を mol/kg に変換しており，さらに値域を調節するために負の対数変換を利用している．すなわち，$pLD_{50} := -\log_{10}(LD_{50} \text{ (mol/kg)})$ に変換している[22]．また，得られた pLD_{50} 値を標準化して，値の平均・分散をそれぞれ 0・1 になるよう変換している．

(3) データセットの分割

LDToxDB には PFAS や PFAS に類似した化合物が含まれており，13,329 化合物の中から分子内に 2 個以上の C–F 結合を持つ化合物を PFAS 類似化合物と定めて抽出[23]したところ，58 個の PFAS を含む 519 化合物が得られた．ここで得られた 58 個の PFAS は，最終的な予測対象となる PFAS データセットにも含まれている化合物である．よって，この 58 個の PFAS データセット (PFAS-58) は，モデルの予測性能を評価するためのテストデータセットとして訓練には用いないようにする．

残った 461 個の化合物 (PFAS-like) は PFAS に類似した分子構造を持つ化合物であるから，これらの化合物を用いて訓練したモデルを用いれば PFAS の毒性を予測しやすくなると期待される．また，その他の化合物データについても，LD_{50} 値の予測にある程度寄与するはずである．そこで，転移学習を利用することで LDToxDB のデータを最大限活用する．具体的には，LDToxDB から PFAS-like と PFAS-58 を除いた 12,810 化合物 (ソースデータセット) を用いて事前訓練した後に，PFAS-like の

---

[22]　LD_{50} は小さいほど毒性が高いことを表す．対数変換後に −1 をかけた pLD_{50} を用いることで，値の大きさがそのまま毒性の高さを表現できるようにしている．

[23]　このような特定の部分構造を含む分子構造の抽出は，SMARTS 表記を利用することで実施できる．

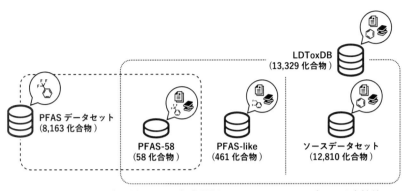

図 1.6　利用するデータセットの包含関係．LDToxDB のサンプルには毒性値
　　　　が付与されている．

461 化合物で訓練するようにしている．各データセットの包含関係を
図 1.6 にまとめる．

(4) 特徴抽出手法とモデルの決定

　論文の著者らは，最終的な予測モデルで用いる特徴抽出手法と
モデルを決定するための事前実験として，LDToxDB の化合物で訓
練した様々な予測モデルの予測性能を評価している．特徴抽出に
は，Mordred 記述子 [66]・ECFP [67]・グラフ畳み込みネットワー
ク[24](Graph Convolutional Network, GCN) [68] による特徴抽出・非
負値行列因子分解 (Non-negative Matrix Factorization, NMF) [69] に
より次元削減した ECFP などを検討している．なお，Mordred 記述子は
計算できる数が多いので，Pearson 相関係数を考慮しながら冗長な記述
子を削除して 300 次元の特徴ベクトルを得るようにしている (各記述子
の標準化も利用している)．また，モデルには全結合型ニューラルネット
ワーク・GCN・Gauss 過程回帰モデル・ランダムフォレスト [70] を検
討している．

24　GCN のリードアウト操作では，全結合層を適用した後に頂点特徴ベクトルの総和を取っ
　　ている．GCN の詳細な挙動については，姉妹書 [1] の分子グラフからの予測の節 (3.3.2
　　節) も参照されたい．

　5-fold のクロスバリデーションの結果，Mordred 記述子を入力に取る全結合型ニューラルネットワークで最良の予測性能が得られた．これを受けて，論文では Mordred 記述子を入力に取る全結合型ニューラルネットワークをベースにして様々な実験を実施している．

　なお，利用する記述子や入力される分子構造によっては，記述子計算に失敗して記述子ベクトルに欠損値を含む場合がある．実際，8,163 化合物の PFAS データセットでも，1,123 化合物で記述子計算に失敗している．論文の著者らは，訓練したモデルの予測傾向を確認する際にこれらの化合物を使わないことにし，残りの 7,040 化合物に対してモデル予測を適用するようにした[25]．

1.3.2　利用する手法

(1) SelectiveNet

　論文の著者らは，推定される予測の信頼度に応じて予測を棄権できる機構を有する SelectiveNet を予測モデルに利用した[26]．SelectiveNet は，入力 (記述子ベクトル) $x \in \mathbb{R}^D$ から特徴ベクトル $z \in \mathbb{R}^K$ へと特徴抽出するネットワーク $e \colon \mathbb{R}^D \to \mathbb{R}^K$ に，3 種類の出力を得るネットワーク $f, g, h \colon \mathbb{R}^K \to \mathbb{R}$ がつながったネットワークになっている (図 1.7)．ここ

25　他の対処方法としては，全分子構造に対して計算できる記述子のみを利用したり，欠損となった記述子を何らかの方法で補間したりする方法が考えられる．ここでは，PFAS データセットに対するモデルの予測傾向を確認するのが主な目的であることや，モデルの予測性能はできる限り高くすべきであることなどの理由から，欠損の出た化合物を PFAS データセットから除去する選択に至ったものと推測される．このように，記述子の欠損値が出た場合の適切な対処方法はタスクに大きく依存する．

26　論文の著者らは SelectiveNet を利用することに決める前に，同一のネットワークを異なる初期値から訓練した複数個のモデルを用いて予測の不確実性を評価する **Deep Ensemble** [71] や，隠れ層で得られた特徴ベクトルを用いて予測の不確実性を評価する手法 [72] を検討している．特に Deep Ensemble を用いると良い性能が得られたが，PFAS-like から作った検証データセットに含まれる化合物の 16.1% で，推定された 95% 信頼区間内に正解値が含まれない (つまり，予測が誤っているのに信頼度を高く評価している) ことが確認された．正解値が付与されていない状況では，このような誤った予測だが信頼度を高く評価しているサンプルを特定することができず，重大な予測ミスを引き起こすおそれがある．このため，SelectiveNet のような予測を棄権できる機構を持ったモデルが選択された．予測の不確実性を評価するためのその他の手法については，例えば文献 [73, 74, 75, 76, 77] を参考にするとよい．また，予測を棄権できるようにする機械学習手法については，文献 [78] を参照されたい．

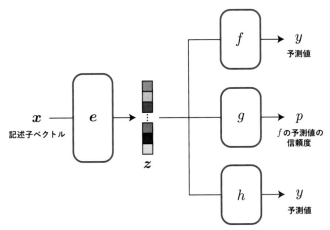

図 1.7 SelectiveNet のネットワーク構造．特徴抽出を行うネットワーク e と，3 種類の出力を得るネットワーク f, g, h がつながっている．f と h は入力 x に対する対する予測値 $y \in \mathbb{R}$ を出力し，g は f による予測値の信頼度 $p \in [0, 1]$ を出力する．

では，1.3.1 節 (4) の結果を受けて，これらのネットワークはすべて全結合層で構成されている．以下では表記を簡単にするため，$\tilde{f} := f \circ e$，$\tilde{g} := g \circ e$，$\tilde{h} := h \circ e$ と表記する．

3 種類の出力ネットワークの役割 ネットワーク $f: \mathbb{R}^K \to \mathbb{R}$ はサンプル x に対する予測値 y を算出するのに利用され，ネットワーク $g: \mathbb{R}^K \to [0, 1]$ は f による予測値の信頼度 $p \in [0, 1]$ を出力する[27]．そして，事前に閾値 $\tau \in (0, 1)$ を定めたうえで，x に対するモデルの予測 $\mathrm{pred}_{e,f,g}: \mathbb{R}^D \to \mathbb{R} \cup \{\perp\}$ を

$$\mathrm{pred}_{e,f,g}(x) := \begin{cases} \tilde{f}(x), & \left(\tilde{g}(x) \geq \tau\right) \\ \perp, & \left(\tilde{g}(x) < \tau\right) \end{cases}$$

---

[27] g の値域は $[0, 1]$ となる必要があるので，g の最終層の活性化関数にシグモイド関数を適用すればよい．このように出力すべき値に制約がある場合は，適当な活性化関数を利用することで値域を調節する．

と定める．ここで $\perp$ は，予測の信頼度が低いために予測を棄権したこと
を表す特殊な記号である[28]．一方で，ネットワーク $h: \mathbb{R}^K \to \mathbb{R}$ も f と同
様に予測値 y を算出するが，h の出力は訓練時にしか利用されない．

損失関数　記述子ベクトル x_n と正解値 y_n の組からなるデータセット
$\mathscr{D} = \{ (x_n, y_n) \mid n \in [N] \}$ を訓練に用いる．SelectiveNet の g で出力さ
れる予測の信頼度が高い入力ほど，f による予測が正解により近くなるよ
うに，SelectiveNet を訓練したい．また同時に，予測を棄権するサンプ
ルがあまり多くならないように，予測の信頼度がある程度高い (したがっ
て予測値を出力できる) サンプルが一定の割合で存在することを保証し
たい．

そこで，サンプル (x, y) に対する f の損失を $\ell_f(x, y)$ として[29]，e, f, g
に関する次の形の損失関数 $\mathcal{L}_{e,f,g}$ を利用する．

$$\mathcal{L}_{e,f,g}(W_e, W_f, W_g) = \frac{\frac{1}{N}\sum_{n=1}^{N} \tilde{g}(x_n)\ell_f(x_n, y_n)}{\phi[g]} + \lambda\Psi[g], \quad (1.2)$$

$$\Psi[g] := \left(\max\left(0, c - \phi[g]\right)\right)^2,$$

$$\phi[g] := \frac{1}{N}\sum_{n=1}^{N} \tilde{g}(x_n).$$

ここで，W_e, W_f, W_g はそれぞれ e, f, g のパラメータを表し，
$c \in (0, 1)$, $\lambda > 0$ はハイパーパラメータである．式 (1.2) の第 1 項
の分母 $\phi[g]$ は予測の信頼度の平均であり，分子は予測の信頼度で重み付
けしたサンプル損失の重み付き平均である．よってこの項は，全体の予測
の信頼度を高めて，予測の信頼度の高いものほど誤差を小さくするように
する役割を持つ．一方，式 (1.2) の第 2 項の $\Psi[g]$ は $\phi[g] \geq c$ であれば 0
だが，$\phi[g] < c$ のときは差の 2 乗誤差 $(c - \phi[g])^2$ となる．ゆえにこの
項は，予測の信頼度の平均 $\phi[g]$ が一定の水準 c よりも高くなるという制

28　実装上は，Python における None に相当するものを出力するようにしている．

29　ここでは $\tilde{f}$ により回帰しているため，ℓ_f には 2 乗誤差 $\ell_f(x, y) = \left(y - \tilde{f}(x)\right)^2$ を利用し
ている．

約を表現する項になっている[30]．また，ハイパーパラメータ λ は，第 2 項を重視する程度を制御する役割を持つ．

ただし，この損失関数だけではうまく SelectiveNet を訓練できないことが SelectiveNet の著者らによって報告されている．そこで，同時に h による正解値の予測がうまくいくように促すことで，特徴抽出部分 e のパラメータをうまく調整することを目指している．具体的には，e, h に関する損失関数 $\mathcal{L}_{e,h}$ を平均サンプル損失

$$\mathcal{L}_{e,h}(W_e, W_h) = \frac{1}{N} \sum_{n=1}^{N} \ell_h(x_n, y_n)$$

に設定する．ここで，W_h は h のパラメータを表し，h に関するサンプル損失 ℓ_h は ℓ_f と同様の損失[31]を利用している．そして，SelectiveNet の訓練に利用する損失関数 $\mathcal{L}$ は，

$$\mathcal{L}(W_e, W_f, W_g, W_h) = \alpha \mathcal{L}_{e,f,g}(W_e, W_f, W_g) + (1-\alpha)\mathcal{L}_{e,h}(W_e, W_h)$$

と設定されている．$\alpha \in (0, 1)$ は二つの損失関数のバランスをとるためのハイパーパラメータであり，標準的に $\alpha = 0.5$ が利用されている．

(2) 転移学習

SelectiveNet の転移学習では，まずソースデータセットで非 PFAS 類似構造に対する毒性を予測できるように訓練する．訓練が終わったら特徴抽出部 e の最終層より上流の層を凍結させて，PFAS-like データセットを用いて凍結していない e の最終層以降の層を一から訓練する[32]．

また，ネットワークの訓練時には 5-fold のクロスバリデーションを利用している．このため，最終的にはパラメータの異なる五つの SelectiveNet が構築されることになる．7,040 個の PFAS に対して毒性を予測する際は，これら五つのモデルの予測値の平均を出力するようにし

---

30 この意味で，ハイパーパラメータ c は目標カバー率 (target coverage) と呼ばれている．

31 つまり，$\tilde{h}$ による回帰の 2 乗誤差 $\ell_h(x, y) = \left(y - \tilde{h}(x)\right)^2$ を用いる．

32 PFAS-like の化合物に対してうまく特徴抽出できるようにするため，e の最終層だけはパラメータをチューニングできるようになっていると考えられる．

49

ている．ただし，三つ以上のモデルが予測を棄権した場合は，その化合物に対する予測を棄権するように定めている．

1.3.3　性能評価

　SelectiveNet の転移学習を様々なハイパーパラメータで実施し，最良の予測性能を達成したモデルを用いて，(毒性値が付与されている PFAS-58 を含む) 7,040 個の PFAS データセットに対する予測を実施した．予測値が出力された化合物に対して EPA による基準に従って化合物を分類したところ，おおよそ LDToxDB のカテゴリの分布と類似した分布が得られている．特に，カテゴリ I (高毒性) と IV (超低毒性) に属すると予測された化合物数はそれぞれ 67 個と 399 個であり，他の二つのカテゴリと比べると数が少なくなっていた．また，PFAS-58 に対しては 40 化合物に対して予測を棄権しており，予測を棄権しなかった 18 化合物のうち 12 化合物で実際のカテゴリと予測カテゴリが一致していた．以上の結果から，訓練されたモデルには極端な予測を避ける傾向があり，予測値が出力された場合もある程度信頼に値する予測結果が得られていると期待される．

第**2**章
無機材料に対する 予測モデル

　無機材料に対する予測モデルを構築する場合も，有機化合物に対するモデルを構築する際と同様の事項を考慮する必要がある．有機化合物データと無機材料データではデータの表現方法が変わってくるため，特にデータの前処理の部分に違いがでてくる．本章では，無機材料に対する予測モデルについてのいくつかのケーススタディを取り上げ，予測モデルでどういったことができるのかを見る．

2.1　結晶性材料の合成可能性の予測

　機械学習を利用して新規無機材料を効率よく探索する試みが広く行われているが[1]，こうした手法を利用することで目的の物性を持つと期待される化合物が見つかったとしても，これを実際に合成できなければ意味がない．このため，与えられた無機化合物に対して，その合成可能性を評価する枠組みがあると良い．しかし，化合物が合成可能であるかどうかは合成の過程・実験におけるパラメータ・実験者の技術など様々な要因が絡んでおり，合成可能性の予測は一筋縄ではいかない．

　結晶性材料の合成可能性を予測する取り組みはいくつかあるが，合成可能性予測モデルによっては入力できる結晶構造や組成に制限があることがある．論文 [79] では，結晶構造を 3 次元の「画像」のように扱うことで，そのような制限がない汎用的な合成可能性予測モデルが構築された．ここでは，この合成可能性予測モデルについて紹介する．

2.1.1　モデル訓練のための準備

(1) 利用するデータセット

「合成不能」な結晶構造データセットの作成　合成可能性予測モデルでは入力された結晶構造が合成可能か否かを判定するので，モデルの訓練の際には「合成不能」な結晶構造のデータセットが必要になる[2]．しかし，データベースに存在しない化合物だからといって必ずしも合成不能であるわけではないため，何をもって「合成不能」とすべきかを決めるのは難しい．

　論文の著者らは「文献中に多く現れる組成式であれば，その化合物に対する合成可能な結晶構造は十分に調べつくされているはずである」という仮定のもとで，合成不能と推定される結晶構造のデータセットを次の手順

1　姉妹書 [1] の第 6 章の事例も参照されたい．

2　ここでは「合成可能」と「合成不能」の 2 クラスに分類するモデルを想定している．この他にも，異常検知などの分野で利用される **1 クラス分類** (one-class classification) [80, 81] を利用して合成可能性予測モデルを構築することも考えられる．実際，(有機化合物の例ではあるが) 共結晶を作るか否かを 1 クラス分類で予測する研究 [82] がある．他にも，**Positive–Unlabeled 学習** (Positive–Unlabeled learning, PU learning) [83] を利用した結晶構造の合成可能性予測モデル [84] も提案されている．

で作成した.

1. まずは Tshitoyan らにより提案された材料科学向けの単語埋め込みモデル [85] を用いて，1922 年から 2018 年までに出版された文献の中から，組成式の出現頻度を算出する．こうして見つかった 108,054 種類の組成式のうち，最も頻度が多いものから 108 種類 (全体の約 0.1% に相当[3]) の組成式を抽出する．

2. 抽出された 108 個の組成式それぞれに対し，合成不能と推定される結晶構造の対称性を推定する．合成不能である可能性が高いのは，結晶構造データベースの Crystallography Open Database (COD) [32] に含まれない結晶構造であり，既知の構造から離れたものであると考えられる．結晶構造の対称性は Hall 記号 [86] と呼ばれる空間群を示す文字列で表記でき，結晶構造の非類似度はこの文字列同士の編集距離 (Levenshtein 距離[4]) で評価できる．これらを考慮して，各組成式に対して COD 内に存在する結晶構造を抽出し，それらから最も似ていない結晶構造を合成不能と推定する．ただし，ここで作成する結晶構造の数が多くなりすぎないように，作成する構造の数は当該の組成式に対して COD に登録されている結晶構造の数以下になるようにしている．また，もし COD に結晶構造が登録されていない場合は，ランダムに選択した 5 個の結晶構造を合成不能と推定している．

3. 推定された結晶構造の対称性をもとに，結晶構造データ (CIF) を作成する．CIF は，Crystal Structure Prototype Database (CSPD) Toolkit [87] を用いて作成できる．なお，ソフトウェアで正しく読み込める CIF のみを以下では利用する．

以上の操作により，600 個の結晶構造が作成された．論文の著者らはこれらの人工的に作成した結晶構造を**結晶異常** (crystal anomaly) と称して

3　抽出する組成式の種類を多くしすぎると予測性能が悪化することが，論文の著者らによって指摘されている．

4　Levenshtein 距離は，1 文字の挿入・置換・削除の操作を繰り返し用いて一方の文字列から他方の文字列を得るのに必要な最小の操作回数で定義される．

いる.

合成可能な結晶構造データセットの取得　続いて，合成可能な結晶構造
データセットとして，COD から 3,000 構造を取得した．分類モデルが合
成可能性を判定しやすくするため，この 3,000 構造には結晶異常の作成
で利用した組成式をもつ (合成可能な) 367 個の結晶構造をすべて含めて
いる．残りの 2,633 構造は，COD からランダムにサンプリングされて
いる.

(2) データセットの分割とクラス不均衡の調整

　(1) で説明した手順で，合成可能な 3,000 個の結晶構造と 600 個の結晶
異常からなるデータセットができた．このデータセットを，訓練に用いる
訓練データセット・訓練中のモデルの評価に用いる検証データセット・訓
練完了後のモデル評価に用いるテストデータセットに分割する．データ
セット分割の際はランダムサンプリングが利用されている.

　もとのデータセットを作成する際に結晶異常の 5 倍の合成可能構造を
サンプリングしているので，分割後のデータセットに含まれる各クラスの
割合も不均衡になっている．不均衡なデータセットのまま訓練すると，サ
ンプルが多数存在するクラスに予測が影響されることがある．このため，
ここでは結晶異常のデータをランダムに複製して多数クラスのサンプル数
に合わせる**オーバーサンプリング** (oversampling) を実施することでク
ラス不均衡を調整している[5].

(3) 結晶構造の配列データへの変換

　データセット内の結晶構造は CIF 形式で保持されているが，モデルへ
入力するためには適当な数値化が必要である．ここでは，ボクセルを利用

5　オーバーサンプリングとは逆に，多数クラスからランダムにサンプリングすることで少数
　クラスのサンプル数に合わせる**アンダーサンプリング** (undersampling) という手法もあ
　る．不均衡クラスに対する訓練方法については，例えば，文献 [88, 89, 90] を参考にする
　とよい.

して 4 次元配列データ[6]へと数値化する.

まずは,1 辺 70 Å の立方体[7]を配置し,この立方体を充填するように結晶構造の単位胞を複製する.続いてこの立方体を分割し,$128 \times 128 \times 128$ 個のボクセルを作る.各ボクセルには,当該のボクセルに存在する原子の原子番号・周期番号・族番号[8]を正規化した値が格納されている (ボクセルに原子が存在しない場合はゼロベクトルが格納される).なお,一つのボクセルに複数の原子が同時に存在することがないように,原子間距離の最小値がボクセルの対角線の長さ (= 0.947 Å) 以下となっている結晶構造はデータセットから除外されている.こうして,形状が $(128, 128, 128, 3)$ の結晶構造に対応する配列データ $C = (c_{i,j,k,l})$ が得られる.

2.1.2 利用する手法

結晶構造の合成可能性予測モデルとして,論文では 2 種類のモデルが検討されている.

(1) 3 次元畳み込み層による教師あり特徴抽出

一つは,3 次元畳み込みニューラルネットワーク[9](Convolutional Neural Network, CNN) を用いるモデルである (図 2.1).このモデルでは,まず 3 次元畳み込み層を利用して結晶構造の配列データから特徴ベクトルを抽出する.続いて,特徴ベクトルを全結合型ニューラルネットワークに入力して合成可能性を出力する.合成可能であると判断する閾値は 0.5 に設定されている.つまり,出力値が 0.5 を超えると,その結晶構造は合成可能と予測される.以下では,このモデルを CNN モデルと呼称する.

---

6 配列データについては,姉妹書 [1] の 2.1.3 節も参照されたい.
7 立方体の 1 辺の長さは,COD に登録されている結晶構造の 96% が,単位胞の最長辺に沿って 2 回以上繰り返して配置できるように設定されている.
8 ランタノイドとアクチノイドの族番号は 3.5 としている.
9 畳み込みニューラルネットワークについては,姉妹書 [1] の 2.1.3 節も参照されたい.

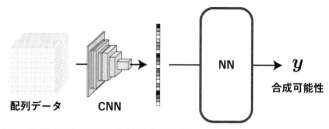

図 2.1　CNN モデル．図の NN は全結合型ニューラルネットワークを表す．結晶構造の配列データは，3 次元畳み込み層で特徴ベクトルに変換された後に全結合型ニューラルネットワークに通すことで，合成可能性が計算される．

(2) オートエンコーダによる教師なし特徴抽出

もう一つは，オートエンコーダ[10](Auto-Encoder, AE) を訓練して得られる潜在変数を全結合型ニューラルネットワークに入力して予測するモデルである (図 2.2)．まずは，結晶構造の配列データから低次元の潜在変数に変換するエンコーダと，潜在変数から結晶構造の配列データに変換するデコーダを使って，結晶構造の配列データを復元できるような潜在変数を獲得できるように訓練する．訓練後のエンコーダは凍結して特徴抽出に利用される．そして合成可能性を予測するモデルでは，まず訓練後のエンコーダで特徴ベクトルを抽出した後，得られた特徴ベクトルを全結合型ニューラルネットワークに入力して合成可能性を出力する．このモデルでも，合成可能であると判断する閾値は 0.5 に設定されている．以下では，このモデルを AE+MLP モデル[11]と呼称する．

2.1.3　性能評価

論文ではまず，設計した二つのモデルのテストデータセットにおける性能を確認している．いずれのモデルも分類の正解率 (accuracy)・合成可能構造に対する再現率 (recall) は同程度であったが，受信者操作特性曲線下面積 (ROC–AUC)・合成不能構造に対する再現率は CNN モデルの方

10　オートエンコーダについては，姉妹書 [1] の 2.4.1 節も参照されたい．

11　MLP は全結合型ニューラルネットワークの別名の多層パーセプトロン (multi-layer perceptron) の略称である．

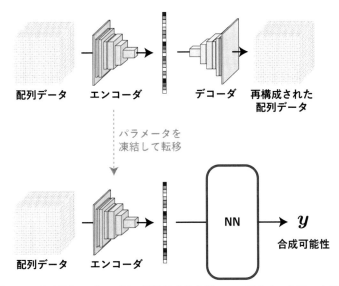

図 2.2　AE+MLP モデル．図の NN は全結合型ニューラルネットワークを表
　　　す．事前学習として，結晶構造の配列データを用いてオートエンコー
　　　ダを訓練する．事前訓練後，パラメータを凍結したエンコーダに全結
　　　合型ニューラルネットワークをつなげたモデルを用いて合成可能性を
　　　計算する．

が高くなっていた[12]．この結果は，CNN モデルで予測に寄与する特徴ベ
クトルがうまく抽出できたことを示唆する．

　また論文の著者らは，このテストデータセットとは別に電極材料データ
セットと熱電材料データセットを用意して，これらに対する合成可能性も
予測している．これらのデータセットに含まれる一部の結晶構造は COD
に登録されているが，残りは存在するか否かが不明な結晶構造になってい

12　このように，利用する評価指標によってはモデルの性能評価の結果が異なってくることが
　　ある．分類モデルでは正答率・精度 (precision)・再現率・F_1 スコア・ROC–AUC など
　　の評価指標を，回帰モデルでは決定係数 (R^2)・平均絶対値誤差 (MAE)・平均二乗誤差
　　(MSE) などの評価指標を利用するのが標準的であるが，どのようにモデルを評価したい
　　かを意識して，解きたいタスクに応じた評価指標を選ぶようにするとよい．利用する評価
　　指標を複数にすれば，モデルを多角的に評価できるようにもなる．また，分類モデルでは
　　混同行列，回帰モデルでは予測値–実測値プロットを用いてモデルの予測傾向を可視化す
　　るのも，考察に役立つことがあるだろう．

る．COD に登録されている結晶構造 (合成可能構造) の再現率を比較すると，今度は AE+MLP モデルの方が良くなっていることが確認された．これは，AE+MLP モデルで教師なし特徴抽出をしたことで，特定のデータセットに過剰適合するのを防げたためであると考えられる．

この他にも，二硫化モリブデンの各結晶構造に対する合成可能性予測も実施されており，実験結果と整合する予測結果が得られている．

2.2　材料の局所構造の安定性予測と新規材料の予想

新規無機材料を探索する際には安定なエネルギーをもつ原子配置パターンを探索することが必要になるが，原子配置のパターーンは無数に考えられるため，あらゆるパターンを網羅することは現実的ではない．しかし，鉄原子は八面体構造をとりやすいなど，無機材料の中で取りうる局所的な構造には一定の傾向がある．局所構造の安定性が判定できると，既知の無機材料の原子配置で原子を置換した結晶構造が存在しうるかどうかを推測できるようになるため，新規無機材料を探索するのに便利である．

ここでは，材料の局所構造の安定性を予測する **DeepOFM** [91] というモデルについて紹介する[13]．このモデルは，中心原子とその周囲の原子配置からそれぞれに対する記述子を計算し，これらをもとに局所構造が安定に存在するか否かを判定する分類モデルである．また，論文の著者らはこのモデルを用いた新規無機材料の探索方法についても検討している．

2.2.1　モデル訓練のための準備

(1) 局所構造の定義

はじめに，この研究における材料の局所構造とは何かを定義しておこう．M 個の原子からなる結晶構造 $C = \{ a_m \}_{m=1}^{M}$ に対し，結晶構造内の**局所構造** (local structure) を，結晶構造内の原子 (**中心原子**, center

---

13　OFM は Orbital Field Matrix の略で，論文の著者らが開発した無機材料内の局所構造を表現する記述子 [92] に由来する．

atom) $a \in C$ と，その周囲の原子配置 (**環境**, environment) E_a の組 (a, E_a) で定める．そして，原子 a の環境 E_a は，**Voronoi 分割** (Voronoi tessellation)[14]を利用して定義する．

まずは適当な閾値 $\tau > 0$ を定めて，着目している原子 $a \in C$ を中心とした半径 τ の球に含まれる原子の集合 $S_\tau(a) := \{\, a' \in C \mid \|r_{a'} - r_a\| \leq \tau \,\}$ を求める (r_a は原子 a の位置ベクトルを表す)．続いて，得られた $S_\tau(a)$ に Voronoi 分割を適用し，原子 a を含む Voronoi 領域と面を共有する Voronoi 領域に含まれる原子の集合 $E_a \subseteq S_\tau(a)$ を求める．こうして得られる E_a を，原子 a の環境と呼ぶ[15]．

(2) 利用するデータセット

まず論文の著者らは，Open Quantum Materials Database (OQMD) [93] から結晶構造のデータセットを取得した．ここでは，新規の永久磁石を発見するためにランタノイドと遷移金属化合物の組み合わせを探索することを目指して，次の元素からなる結晶構造データを取得している．

- 2 種類の遷移金属 T_1, T_2 からなるもの (707 化合物)
- 1 種類のランタノイド L と 1 種類の遷移金属 T からなるもの (692 化合物)
- 1 種類のランタノイド L と 1 種類の遷移金属 T，および元素 X からなるもの (1,510 化合物)
- 2 種類の遷移金属 T_1, T_2 と元素 X からなるもの (1,311 化合物)

ここで，T は水銀を除く第 4〜6 周期・3〜12 族に位置する 28 種類の遷移金属，L は 15 種類すべてのランタノイド，X はホウ素・炭素・窒素・酸素のいずれかである．こうして計 4,220 化合物の結晶構造データが得ら

---

14 Voronoi 分割とは，空間内の各頂点 (原子) との距離をもとにして，空間全体を **Voronoi 領域** (Voronoi region) に分割することを指す．各 Voronoi 領域にはちょうど一つの頂点が含まれており，ある頂点を含む Voronoi 領域の内部の点に対しては，その頂点が最近傍頂点となる．

15 環境を求める操作は，例えば，pymatgen [29] を用いることで実施できる．

れた. この結晶構造データから，安定に存在する局所構造と安定に存在しない局所構造のデータセットを以下に示す方法で作成した. 作成したデータセットには計 73,482 個の局所構造が含まれており，このうちランダムに選択した 20% をテストデータセットとして評価用に利用する.

安定に存在する局所構造データセットの取得　得られた各結晶構造の各原子に対して，その原子の環境を求めることで局所構造データセットを作成する. 得られる局所構造の多くは，対称性によって等しくなっている. 等価な局所構造を取り除くため，中心原子が等しく環境の記述子ベクトル (後述) がほぼ同じである局所構造を等しいものとみなしている. こうして，24,494 個の局所構造が得られた. これらの局所構造を，安定に存在する局所構造のデータセットとして利用する.

安定に存在しない局所構造データセットの作成　一方，分類モデルを訓練するためには，安定に存在しない局所構造データセットを作成する必要がある. 論文の著者らは，安定に存在する局所構造データセットに含まれる各局所構造 (a, E_a) に対して中心原子 a の原子種をランダムに置換した局所構造 (a', E_a) を安定に存在しない局所構造と定めた[16]. 一つの局所構造に対してこのように局所構造を二つ[17]作成することで，計 48,988 個の安定に存在しない (と推定される) 局所構造を作成した.

(3) 局所構造の記述子ベクトル化

　局所構造 (a, E_a) をモデルに入力する際は，記述子ベクトルを用いて明示的に特徴抽出し，中心原子と環境の記述子ベクトルからなる組 (x_a, ξ_{E_a})

16　ここにも，2.1 節と同様に，データセットに無い局所構造であっても本当に存在しない局所構造であるとは限らないという問題がある. 本質的に 1 クラスのものに対する 2 値分類モデルを作る際には異常な状態のサンプルを人工的に作る必要があるが，妥当な作り方を見つけるのは難しい.

17　論文の著者らは，安定に存在しない局所構造をサンプリングする数について検討した結果，二つサンプリングすることに決めている. サンプリングする数が増えるほどクラス不均衡の度合いが増して訓練が難しくなることもあって，少ないサンプリング数に落ち着いたものと考えられる.

に変換している.

原子の記述子ベクトル 原子 a に対する記述子ベクトル x_a は,原子 a の原子価軌道に基づいて決定される. 原子 a の s・p・d・f 軌道の価電子数がそれぞれ k_s, k_p, k_d, k_f であるとする (ただし,$k_s \in [2]_0$, $k_p \in [6]_0$, $k_d \in [10]_0$, $k_f \in [14]_0$ である[18]). まず,2 次元ベクトル $s \in \{0,1\}^2$ を

$$s := \begin{pmatrix} \delta_{k_s,1} \\ \delta_{k_s,2} \end{pmatrix}$$

と定める. ここで $\delta_{i,j}$ は Kronecker のデルタで,$i = j$ のときに 1,$i \neq j$ のときに 0 をとる. つまり,s 軌道に価電子が存在する場合はその個数を one-hot ベクトルで表現し,存在しない場合はゼロベクトルとする. p 軌道に対応する 6 次元ベクトル $p \in \{0,1\}^6$,d 軌道に対応する 10 次元ベクトル $d \in \{0,1\}^{10}$,f 軌道に対応する 14 次元ベクトル $f \in \{0,1\}^{14}$ も,これと同様に定める. そして,原子 a の記述子ベクトル x_a を

$$x_a := s \oplus p \oplus d \oplus f \in \mathbb{R}^{32}$$

と 32 次元ベクトルで定める.

環境の記述子ベクトル 環境 E_a の記述子ベクトル ξ_{E_a} は,環境を構成する原子 $e \in E_a$ の記述子ベクトル x_e の重み付き和

$$\xi_{E_a} := \sum_{e \in E_a} w_e x_e,$$

$$w_e := \frac{\Omega_e}{\max_{e' \in E_a} \Omega_{e'}}$$

で定める. ここで Ω_e は,e を含む Voronoi 領域と中心原子 a を含む Voronoi 領域の共有面の,a を中心とする立体角である[19]. つまり,環境の記述子ベクトルには,中心原子 a の Voronoi 領域と共有する面が広い

18　　$n \in \mathbb{Z}_{\geq 0}$ に対して,$[n]_0 := \{k \in \mathbb{Z}_{\geq 0} \mid k \leq n\}$ は n 以下の非負整数の集合である.

19　　この立体角の計算は pymatgen で実行できる.

隣接原子 e の記述子ベクトル (すなわち電子配置) の影響が強く現れるようになっている[20].

2.2.2　利用する手法

(1) DeepOFM

DeepOFM は，三 つ の 全 結 合 型 ニ ュ ー ラ ル ネ ッ ト ワ ー ク $f_{\text{atom}}, f_{\text{env}}, f_{\text{pred}}$ からなる (図 2.3)．ニューラルネットワーク $f_{\text{atom}}, f_{\text{env}}$ は，それぞれ中心原子・環境の記述子ベクトルを入力してベクトル $z_{\text{atom}}, z_{\text{env}}$ を出力するようになっている．そして f_{pred} は，$f_{\text{atom}}, f_{\text{env}}$ が出力したベクトルを結合した $z = z_{\text{atom}} \oplus z_{\text{env}}$ を入力して[21]，与えられた局所構造が安定に存在する確率 $p \in [0, 1]$ を出力する．

(2) 新規材料の探索方法

訓練後の DeepOFM を使うと，ベースとなる結晶構造 C の原子を置換することで得られる結晶構造の安定性を評価できる．まず，置換候補の元素の集合 $\mathscr{E}$ を用意しておく．続いて，C の局所構造 (a, E_a) に対して a の元素を $\varepsilon \in \mathscr{E}$ に置換した原子 $a[\varepsilon]$ を考え，$(a[\varepsilon], E_a)$ の安定性を DeepOFM で予測する．もし，DeepOFM の出力値が事前に設定した閾値を超えていれば，結晶構造 C の原子 a を $a[\varepsilon]$ に取り替えた結晶構造 $C[\varepsilon]$ が安定に存在すると考えられる．すべての局所構造に対してこの操作を適用することで，C の原子を一つ置換してできる結晶構造で安定に存在しうるものを網羅することができる．

20　ここでは，e の重み w_e は Ω_e のみに依存するようになっている．この他にも，e と中心原子 a の距離 $r_{a,e}$ が大きくなるにしたがって減衰するような重みを設定すれば，距離の近い原子ほど強い影響を持つように設定することも可能である．

21　ベクトルの結合操作は可換でない，つまり，二つのベクトル a と b に対して一般には $a \oplus b \neq b \oplus a$ であることに注意する．このような非可換な操作を利用することで，ベクトルの要素の順序に意味をもたせることができる．ここでは，先に来る要素が中心原子の記述子ベクトルを変換したベクトルで，後に来る要素が環境の記述子ベクトルを変換したベクトルであることを情報として与えることができている．もし，順序に依らないようにしたい場合は，(演算が定義できる範囲で) 可換な操作を利用するようにすればよい．そのような操作の典型的な例としては，総和や平均をとる操作がある．

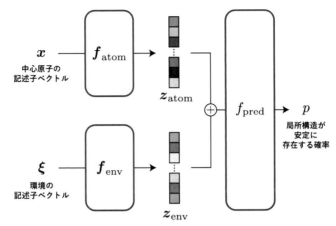

図 2.3　DeepOFM のネットワーク構造．中心原子の記述子ベクトル x から特徴ベクトル z_{atom} を抽出するネットワーク f_{atom}，環境の記述子ベクトル ξ から特徴ベクトル z_{env} を抽出するネットワーク f_{env}，そして得られた特徴ベクトルを結合した $z = z_{atom} \oplus z_{env}$ から局所構造が安定に存在する確率 $p \in [0, 1]$ を出力するネットワーク f_{pred} からなる．

2.2.3　性能評価

(1) 訓練した DeepOFM の性能評価

　DeepOFM の性能を定量的に評価するのに，論文の著者らは次の評価方法を利用している．候補元素の集合を $\mathcal{E}$ とし，テストサンプルの局所構造[22](a, E_a) に対して $(a[\varepsilon], E_a)$ $(\varepsilon \in \mathcal{E})$ の安定性を算出する．すると，算出された安定性によって $(a[\varepsilon], E_a)$ たちをランク付けできる．そして，$k \in [5]$ に対して R_k を，正しい局所構造 (a, E_a) が予測された安定性の上位 k 位以内に含まれていた割合と定める．また，通常の正答率も評価に用いている．

　利用する活性化関数やニューラルネットワーク f_{atom}, f_{env} の出力ベクトルの次元を様々に変化させてこれらの評価指標を計算すると，R_5 は最大で 60% 程度になり，正答率は 85% 程度になることが確認された．この結果から，DeepOFM で局所構造の情報をうまく捉えられていると考

---

[22]　論文に明記されてはいないが，この評価方法で利用する局所構造は安定に存在するものを用いていると考えられる．

えられる.

　DeepOFM で局所構造の情報をうまく捉えられているかどうかを更に詳しく確認するため，DeepOFM を用いて算出される元素同士の非類似度をもとに，元素のクラスタリングを実施している．元素集合を $\mathscr{E}$ とすると，二つの元素 $\varepsilon_1, \varepsilon_2 \in \mathscr{E}$ の非類似度は，次の手順で計算する.

1. 元素 $\varepsilon_1, \varepsilon_2$ それぞれに対して，元素集合 $\mathscr{E}$ 上の頻度分布 p_1, p_2 を作る．元素 ε に対する頻度分布の作り方は以下のとおり.
   (1) 全データセット $\mathscr{D}$ の中で中心原子の元素が ε である局所構造のデータセット $\mathscr{D}_\varepsilon \subseteq \mathscr{D}$ を取り出す.
   (2) 各局所構造 $(a, E_a) \in \mathscr{D}_\varepsilon$ に対して，a の元素を ε' に置換した局所構造 $(a[\varepsilon'], E_a)$ $(\varepsilon' \in \mathscr{E})$ の安定性を予測し，安定性が 0.6 以上と判定されたもの (類似局所構造) を残す.
   (3) 類似局所構造すべてに対して中心原子の元素の頻度を計測し，正規化することで頻度分布を得る．こうして得られる頻度分布は，それぞれの元素が元素 ε とどの程度似ているかを表現していると考えられる.
2. 元素 ε_1 に対する頻度分布 p_1 と元素 ε_2 に対する頻度分布 p_2 の Jensen–Shannon ダイバージェンス[23]$D_{\mathrm{JS}}[p_1(x) \| p_2(x)]$ を $\varepsilon_1, \varepsilon_2$ の非類似度と定める.

この類似度に基づいて $\mathscr{E}$ に含まれる各元素に対して階層的クラスタリングを適用した結果，ランタノイドの元素とそれ以外とを分離するようなクラスタが得られた．このことから，DeepOFM で局所構造の化学的な特徴をうまく捉えられていることが示唆された.

(2) 新規材料の予想

　論文の著者らは新規の磁性材料を予想するため，2.2.2 節 (2) で説明し

23　Jensen–Shannon ダイバージェンスを用いているのは，非類似度を対称的にするためだと考えられる．Jensen–Shannon ダイバージェンスの定義は付録に記載している.

た方法を用いて磁性材料の $Nd_2Fe_{14}B$ の原子を一つ置換した結晶構造を生成している．$Nd_2Fe_{14}B$ の構造は Materials Project [33] から取得している．$Nd_2Fe_{14}B$ は 68 個の局所構造を含んでおり，これらの中心原子の元素を 41 種類の元素に網羅的に取り替えることで 2,788 個の局所構造を得た．ハイパーパラメータを変えて訓練した 4 種類の DeepOFM の予測すべてで安定性が 0.5 以上となる局所構造を抽出し，この局所構造をもとに原子を置換することで 108 個の新規な結晶構造を生成した．これらの構造では Nd が Sc・Y・Sm・Yb・La などに，Fe が Ni・Co に置換されており，類似の元素に置換する傾向が確認された．そしてこれらの構造に対して DFT 計算を実施したところ，71 個の結晶構造で 0.10 eV/atom より小さい生成エネルギーを持つことが分かり，DeepOFM でうまく安定な結晶構造を予測できることが示唆された．

2.3 合金のガラス形成能の予測

金属ガラス (metallic glass) は，溶融した合金を冷却することで得られる原子が不規則に配列した非晶質合金であり，生成できる試料の厚さによって比較的厚い**バルク金属ガラス** (bulk metallic glass) と薄い**金属ガラスリボン** (metallic glass ribbon) に分類されている．金属ガラスの非晶質性は優れた加工性・高い機械的強度・耐腐食性などの特性を示すことから新材料として応用が期待されており，金属ガラスを形成できる合金組成が探索されている．

合金が金属ガラスを形成できる能力のことを**ガラス形成能** (glass-forming ability) と呼び，完全に非晶質の金属ガラスロッドを作れる最大の直径 (**臨界直径**, critical casting diameter) D_{max} で定量化される．特定の合金組成が金属ガラスを形成できるか否かを予想する経験則が知られているものの [94]，ガラス形成能を正確に予測するのは難しい．

論文 [95] では，臨界直径とガラス形成に影響を与えるいくつかの因子を同時に予測するニューラルネットワークを利用してマルチタスク学習を

実施している．以下では，このモデルについて紹介する．

2.3.1　モデル訓練のための準備

(1) 利用するデータセット

　まず論文の著者らは，先行研究で利用されていたデータセットをまとめて新たなデータセットを作成した．データセットには合金中の各構成元素の割合を示した合金組成ごとに以下の実測値データが記録されている．

1. 合金が完全に液体となっている最低の温度 (液相線温度, liquidus temperature) T_l.
2. ガラス転移現象を示す温度 (ガラス転移温度, glass-transition temperature) T_g.
3. 結晶化が開始する温度 (結晶化温度, crystallization temperature) T_x.
4. 結晶質・金属ガラスリボン・バルク金属ガラスの分類.
5. 臨界直径 D_{max}.

(2) 合金の組成比の正規化と重複サンプルの処理

　データセット内の合金の組成比の表記を統一するため，すべて百分率で表記するよう正規化している．また，正規化したデータセットには重複したサンプルが含まれていたため，こうした重複を取り除いている．ここでは，重複サンプルの実測値に対して平均値を取ることで重複を除去している[24]．最終的なデータセットには 6,638 件のサンプルが含まれており，結晶質・金属ガラスリボン・バルク金属ガラスのサンプルがそれぞれ 1,700件・3,763 件・1,175 件であった．

(3) 合金組成の記述子ベクトル化と記述子選択

　合金組成をモデルに入力できるようにするため，合金組成は記述子ベク

---

[24]　ここでは実測値の平均を取ることで重複サンプルを除去しているが，他の除去方法も考えられる．例えば，最も精度が高いと考えられる実験結果を採用したり，厳しめに評価できるようにするために最も悪い実験結果を利用したりすることもできる．

トル化される．ここでは，各元素に対して計算された周期番号・族番号・
熱伝導度・価電子数・電気陰性度などの記述子や合金の組成比などから計
算される，合計 99 個の記述子を計算している[25]．

　さらに，モデルの性能改善のため，これらの記述子に対して記述子選択
を実施している．具体的には，次の手順で記述子を選択する．

1. データセット内であまり変動が大きくない記述子は重要な情報を持た
   ないと考え，記述子の値の集合 $\mathscr{X} = \{\, x_1, \ldots, x_N \,\} \subseteq \mathbb{R}$ に対する四分
   位分散係数[26]

   $$\mathrm{QCD}(\mathscr{X}) = \frac{Q_3(\mathscr{X}) - Q_1(\mathscr{X})}{Q_3(\mathscr{X}) + Q_1(\mathscr{X})}$$

   が 0.1 より小さい記述子を除去する ($Q_1(\mathscr{X}), Q_3(\mathscr{X})$ はそれぞれ，$\mathscr{X}$
   に対する第 1 四分位数と第 3 四分位数)．
2. 二つの記述子同士に強い相関がある場合は，そのうちの一方を採用す
   ればもう一方が冗長になると考え，Pearson 相関係数が 0.8 より大き
   くなった記述子のペアのうち四分位分散係数が小さい方を除去する．

記述子選択の結果，最終的に 39 個の記述子を利用してモデルを構築して
いる．なお，各記述子はネットワークに入力される段階で標準化される．

2.3.2　利用する手法

(1) ネットワークの構造

　論文の著者らは，2.3.1 節 (1) で述べた 1〜5 の項目 (液相線温度・ガラ
ス転移温度・結晶化温度・合金の分類・臨界直径) すべてを予測するネッ
トワークを全結合層で構成している．ここで，予測対象の 5 項目は独立で

25　有機化合物や無機結晶のデータに対しては，グラフニューラルネットワークのような構造
　　情報を直接入力できるニューラルネットワークを利用することで，ネットワーク内部で特
　　徴抽出する方法があった．一方で，合金組成に対してはこのような特徴抽出は難しいた
　　め，ここでは計算する記述子を明示的に指定することで特徴抽出している．

26　$\mathscr{X}$ の四分位分散係数は，データの散らばり具合を表す四分位偏差 $(Q_3(\mathscr{X}) - Q_1(\mathscr{X}))/2$
　　を，ミッドヒンジ $(Q_3(\mathscr{X}) + Q_1(\mathscr{X}))/2$ で割った値であり，データのおおよその値を考
　　慮した散らばり具合の指標になっている．

はないことに注意する. 例えば, 1 番目の項目 (液相線温度) はそれ以降の
項目にも関連するはずであるから, 残りの項目を予測するための情報を含
んでいると考えられる. これを受けて, i 番目の項目 ($i = 2,\ldots,5$) を予
測するのに ($i - 1$) 番目までの項目の予測結果も利用できるようにネット
ワーク構造が設計されている. 具体的には, 次のネットワークを利用して
いる (図 2.4).

1. まず, 入力 x を全結合層に通して隠れ変数 z を計算する.
2. 隠れ変数 z から液相線温度 T_l の予測値 $\hat{T}_l$ を算出する.
3. 隠れ変数 z と $\hat{T}_l$ からガラス転移温度 T_g の予測値 $\hat{T}_g$ を算出する.
4. 隠れ変数 z と $\hat{T}_l, \hat{T}_g$ から結晶化温度 T_x の予測値 $\hat{T}_x$ を算出する.
5. 隠れ変数 z と $\hat{T}_l, \hat{T}_g, \hat{T}_x$ から合金の分類を予測する確率ベクトル $\hat{p}$ を
   算出する.
6. 隠れ変数 z と $\hat{T}_l, \hat{T}_g, \hat{T}_x, \hat{p}$ から臨界直径 $D_{\max}$ の予測値 $\hat{D}_{\max}$ を算出
   する.

なお, $\hat{p}$ 以外の予測値の算出の際は出力層の活性化関数にソフトプラス関
数を使うことで値域を正の範囲に制限しており, $\hat{p}$ の算出ではソフトマッ
クス関数を利用することで確率ベクトルを出力している. また, 過剰適合
を防ぐために, 早期終了・ドロップアウト・L_2 正則化・最大値ノルム正
規化[27] [96] などの正則化手法が利用されている.

(2) ネットワークの損失関数

　ネットワークの損失関数には, 各予測値に対する損失の重み付け和が利
用されている. ここで利用する重みは本来の目的である $D_{\max}$ をうまく予
測できるように, 各正解値の値のオーダー[28]を考慮して設定されている.
合金の分類に対してはクロスエントロピー損失が利用されており, その他

27　**最大値ノルム正規化** (max-norm regularization) では, モデルパラメータの最大値が事
　　前に設定した値を超えないようにパラメータが変換される.

28　温度に関する項目の値のオーダーが $10^2 \sim 10^3$ 程度であるのに対し, 臨界直径の値のオー
　　ダーは $10^0 \sim 10^1$ 程度になっている.

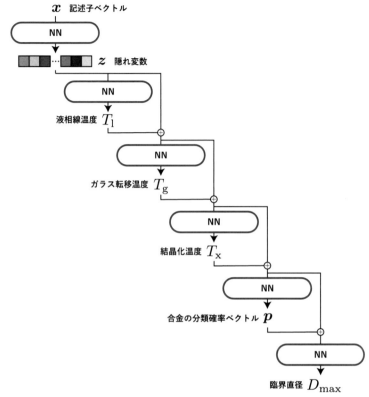

図 2.4 利用するネットワークの構造. 図の NN は全結合型ニューラルネットワークを表し, $\oplus$ はベクトルの結合を表す. ある項目を予測するのに, それまでの予測結果を活用できるような構造になっている.

の項目の回帰では **Huber 損失** (Huber loss)

$$\text{Huber}_\delta(\boldsymbol{x}, y) = \begin{cases} \frac{1}{2}(y - f(\boldsymbol{x}))^2 & (|y - f(\boldsymbol{x})| \le \delta) \\ \delta(|y - f(\boldsymbol{x})| - \frac{\delta}{2}) & (|y - f(\boldsymbol{x})| > \delta) \end{cases}$$

が利用されている[29](f は x から y を予測するネットワーク, $\delta > 0$ はハイパーパラメータ).

---

29 二乗誤差損失の代わりに Huber 損失を利用することで, 外れ値に対してより寛容な回帰が実行できる.

(3) ネットワークのアンサンブル学習

　モデルの予測性能を高めるため，複数のモデルを組み合わせて予測するアンサンブル学習が利用されている．ここでは，5-fold のクロスバリデーションを実施した際にできる五つのモデルのアンサンブルモデルを次の手順で構成している．まず，データセットを合金の構成元素によってクラスタに分割したうえでクラスタサンプリングを実施する[30]ことで 5-fold のクロスバリデーションを行い，モデルパラメータの異なる五つの訓練済みモデルを得る．そしてこれら五つのモデルのパラメータを凍結したうえで，各予測項目ごとに，全モデルの当該項目の予測値から当該項目を予測する全結合型ニューラルネットワークを同時に訓練するマルチタスク学習を実施してアンサンブルモデルを得る[31]．

2.3.3　性能評価

　5-fold クロスバリデーションの各モデルに対する合金の分類に対する正解率・F_1 スコアと D_{max} に対する RMSE の結果から，良好な予測モデルが構築できたといえる．論文の著者らは，アンサンブルモデルを利用することで D_{max} に対する予測性能が改善し，既存のモデルと同等の性能のモデルが得られたと報告している．他にも論文の著者らは訓練したモデルを利用して合金のガラス形成能についての考察を深めており，こうした知見とモデルを利用して金属ガラスを形成する可能性のある 1,331 種類の合金系を提案している．

30　このようにクラスタサンプリングを実施することで，構成元素は同じだが組成比のみが異なる合金は，訓練・検証データセットのいずれかのみに含まれることになる．よって，検証データセットでのモデル評価の際には構成元素が同じ合金の情報が利用できないことになるので，モデルが未知の構成元素の組み合わせを持った合金にもうまく予測できるかどうかを評価できるようになる．

31　全結合型ニューラルネットワークを用いることで五つのモデルが出力した予測値をうまく組み合わせようとしており，単純にモデル予測値の平均を取るよりも性能の良い予測ができるようになると期待される．

第3章

生成モデルを活用した
材料・医薬品の設計

データ生成分布をモデリングする生成モデルを
利用すれば，その分布に従うサンプルを人工的に
生成できる．こうした生成モデルは新規の材料や
医薬品の構造を効率的に設計するのに便利であ
り，これまでにも様々なモデルが提案されてき
た．また，生成モデルによっては，サンプル生成
以外の活用方法が存在することもある．本章で
は，材料や医薬品の設計に関するいくつかのケー
ススタディを通して，生成モデルが構造設計の際
にどのように利用されているかを見る．

3.1　フラグメント構造生成器を利用した リードジェネレーション

　創薬の初期段階では，創薬のターゲットとなる生体分子 (主にタンパク質) を設定し，この標的分子に対して薬理活性が認められる**ヒット化合物** (hit compound) を発見する．その後は，医薬品としての質を高めるために，発見されたヒット化合物の分子構造をもとにして様々な分子構造が合成される．合成された化合物のうち，明確な薬理活性を持っていて，分子構造のさらなる最適化により新薬となる可能性が期待できる化合物を**リード化合物** (lead compound) と呼ぶ．ヒット化合物からリード化合物を発見する段階は**リードジェネレーション** (lead generation) と呼ばれ，一般には試行錯誤を必要とする．

　リードジェネレーションでは，標的分子と結合できるようにヒット化合物の分子構造をある程度保持しつつ，化合物の機能性を高めるように分子構造を修正していく必要がある．このプロセスを深層構造生成器により効率化した例として，本節では論文 [97] で報告された手法について説明する．

　この論文で利用している深層構造生成器 [98] は SMILES 文字列ベースの生成器であり，生成器への入出力には**フラグメント** (fragment) と呼ばれる，分子の連結な部分構造で別のフラグメントが結合可能な位置が指定されているもの[1]を利用する．この深層構造生成器に，興味のあるスキャフォールド[2]において構造を展開したい位置を指定したフラグメントを入力すれば，それに結合する側鎖を出力できる．こうした深層構造生成器はスキャフォールドを維持しながら側鎖のみを変更した分子構造を多数生成できるため，リードジェネレーションや，医薬品として望ましい性質を持つようにリード化合物の分子構造を最適化する**リード最適化** (lead optimiaztion) に適しているといえる．

---

[1]　SMILES 文字列では，結合可能な位置を記号 "[*]" で表す.
[2]　**スキャフォールド** (scaffold) とは，置換基がついている分子の基本骨格を指す [99].

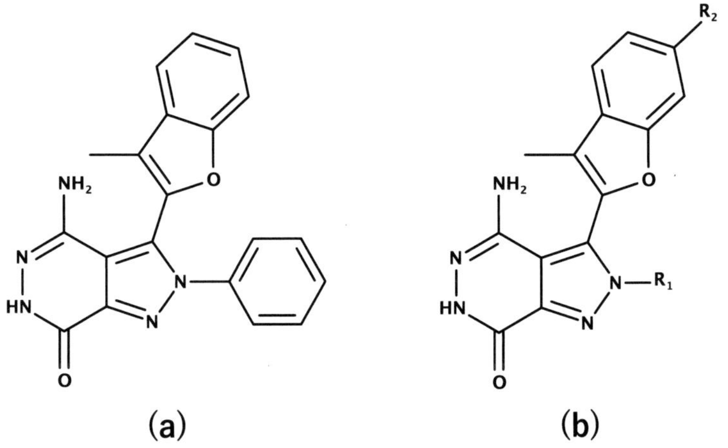

図 3.1 ヒット化合物と着目するスキャフォールド．(a) ヒット化合物．(b) 着目するスキャフォールド．R_1, R_2 の部分構造を生成することで，このスキャフォールドを持つ分子構造を多数発生させる．

3.1.1 モデル訓練のための準備

(1) ヒット化合物とスキャフォールドの設定

論文 [97] では，炎症性腸疾患の治療薬のターゲットとなるタンパク質としてディスコイジンドメイン受容体チロシンキナーゼ 1 (discoidin domain receptor tyrosine kinase 1, DDR1) を選定している．論文の著者らは，線維芽細胞増殖因子受容体[3](fibroblast growth factor receptors, FGFR) に対するリガンドの一つ (図 3.1 (a)) が DDR1 に対しても弱い活性を持つ (すなわちヒット化合物である) ことを発見した．論文では，DDR1 と FGFR1 に対するドッキングシミュレーション結果をもとに，このヒット化合物の分子構造を修正する方針が定められた．具体的には，図 3.1 (b) に示す構造をスキャフォールドと定めている．

(2) データセットの取得と訓練データセットの作成

利用する深層構造生成器には，入力されたスキャフォールドに結合する

3　DDR・FGFR はいずれも，受容体型チロシンキナーゼ (receptor tyrosine kinase, RTK) と呼ばれる一連のタンパク質のグループに含まれる．

73

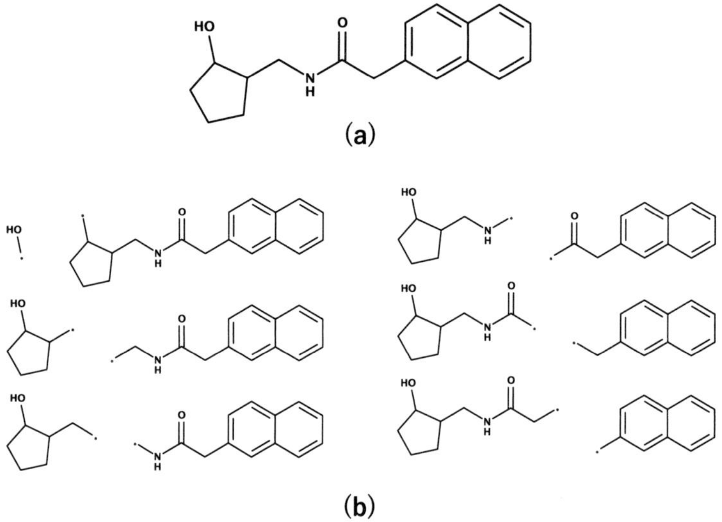

(a)

(b)

図 3.2　フラグメントの作成．(a) フラグメント作成の元になる分子構造．
(b) (a) の分子構造に対して，環に含まれていない単結合を一つだけ切
断して得られるすべてのフラグメントの組．"*" で表記されている位
置は，別のフラグメントが接続できることを表す．なお，複数個の単
結合を切断することで，より多様なフラグメントが得られる．

側鎖を出力することが求められる．このため，この構造生成器を訓練する
には，スキャフォールドとそれに対応する側鎖を組にしたサンプルを作成
する必要がある[4]．そこで，まず論文の著者らは論文 [98] で提案されてい
る以下の方法でスキャフォールドと側鎖の組を作成した (図 3.2)．

　訓練データセットの作成には，ChEMBL [13] から取得した DDR・
FGFR に対する阻害剤の分子構造 902 個が利用された[5]．まずは，各分子
構造に対して環に含まれていない単結合[6]を切断することで，分子構造を

4　訓練データセットをうまく準備すれば，リードジェネレーションに限らず，既存の有機材
　料の構造最適化タスクなどにも応用可能であると考えられる．

5　論文には記載がないが，ここで利用された 902 構造に対しては SMILES 文字列の正規化
　や重複構造・立体情報・塩・混合物のうち最大の分子構造以外の除去といった，化合物に
　対する**標準化** (standardization) を適用していると考えられる (ここで例示した標準化の
　手法は論文 [98] でも利用されている)．他にも，データセットにおける出現頻度が低い原
　子種を含む化合物の除去などを適用してもよい．このように，訓練に外れ値的な分子構造
　を利用しないようにすることで，モデルを訓練しやすくなると期待される．

複数個のフラグメントへと分割する. ふつう, このような単結合は分子構造内に複数個含まれているため, 各単結合に対して切断・保持のいずれかを選択することであらゆる切断パターンを網羅的に試している[7].

　以上の操作で分子構造は複数個のフラグメントへと分割される. しかし, 得られたフラグメントの組の中には, スキャフォールド・側鎖とは言い難いフラグメントが含まれている可能性がある. このような不適当なフラグメントの組を除去するため, 論文では適当な条件を満たすもののみをスキャフォールド・側鎖と定めている[8]. 具体的には,

スキャフォールド　環を一つ以上含むもの
側鎖　水素結合ドナー数が5以下で, ClogP 値 (構造の脂溶性の指標) が
　　5以下, かつ回転可能結合数が5以下のもの

と定義している. こうして得られたスキャフォールド・側鎖の組に対して, SMILES 文字列のデータ拡張[9]を利用することで約 36 億 300 万件のサンプルからなる訓練データセットが作成された.

6　環に含まれた単結合を切断しても分子構造は連結であり, 分子構造が複数個のフラグメントには分割されない.

7　切断可能な単結合数が n 個あるとき, 複数個のフラグメントへの分割パターンは $2^n - 1$ 個ある. n が大きい場合は全列挙が困難になるため, 実際には, 切断する結合の数の上限を定めることで試すべきパターン数が増えすぎないようにしていると考えられる.

8　訓練に利用するスキャフォールド・側鎖の特徴によって, 訓練後の生成器で生成される分子構造の特徴に大きく影響すると考えられる. 例えば, 論文 [98] でも実施しているようにフラグメントの分割を逆合成組合せ解析法 (Retrosynthetic Combinatorial Analysis Procedure, RECAP) [100] で行えば, 生成構造がより合成しやすいものになるだろう.

9　**データ拡張** (data augmentation) は, サンプルの本質を損なわないようにランダムな変形をサンプルに施すことで, 訓練サンプル数を増やして汎化性能を高める手法である. SMILES 文字列に対しては, 同じ分子構造を表現する別の SMILES 文字列をランダムに一つ生成して利用することでデータ拡張を実施できる [101]. 訓練時の SMILES 文字列のデータ拡張は, 文字列ベースの深層構造生成器の生成性能改善・モデルパラメータの良好な収束・過剰適合の防止といった効果があることが報告されている [102]. また, 分子グラフデータに対しては, 分子グラフの構造をわずかに変化させるだけでデータが変質してしまうため, グラフ構造を変形する代わりにモデル内部で特徴ベクトルに微小な摂動を加えることでデータ拡張する手法 [103] などがある. そして, 立体構造データに対しては, 座標系をランダムに回転させることでデータ拡張を実施する方法がある. 姉妹書 [1] のデータ拡張についての節 (3.2.1 節) も, あわせて参照されたい.

(3) 訓練サンプルのトークンへの分割と数値化

　各訓練サンプルは SMILES 文字列で表現されているため，これらをモデルに入力する場合は，トークンに分割したのち数値ベクトルに変換する必要がある[10]．論文には記載がないが，例えば，原子種を表すまとまりをトークンとして one-hot エンコーディングしたり単語埋め込みしたりする方法などが挙げられる[11]．

　この他にも SMILES 文字列に対する前処理として，データセット内の最長のトークン長 L_{max} を求めておき，トークン長が L_{max} に満たないものをトークン長が L_{max} となるように末尾を特殊トークン "<pad>" で埋める**パディング** (padding) を実施することがある．これは，実装上モデルに入力できるトークンの長さを固定する必要があるからである．

3.1.2　利用する手法

　論文の著者らが利用した深層構造生成器 [98] は，注意機構 [104] 付きの Seq2Seq モデル[12] [105] である (図 3.3)．Seq2Seq モデルのエンコーダ部分には LSTM [106] で構成された双方向 RNN [107] を，デコーダ部分には同じく LSTM で構成された通常 (順方向) の RNN を利用している[13]．また，注意機構を利用しているのは，デコーダの出力トークンを決める際に生成状況に応じて着目すべき入力トークンが変わりうるためであると考えられる．そして，デコーダの出力層では各トークンの確率が出力されるように，活性化関数としてソフトマックス関数が用いられている．モデルや訓練方法の詳細は，論文 [97, 98] を参考にするとよい．

10　姉妹書 [1] の SMILES 文字列に対する前処理についての節 (3.1.1 節) も，あわせて参照されたい．

11　トークンの one-hot エンコーディングが要素に 0 が多く現れるスパースな数値ベクトルを割り当てる方法であったのに対し，トークンの単語埋め込みは要素に 0 が少ない密な数値ベクトルを割り当てる方法である．詳細は姉妹書 [1] の 2.4.2 節を参照されたい．

12　姉妹書 [1] の Seq2Seq や注意機構についての節 (2.4.2 節 (3)・(4)) も，あわせて参照されたい．

13　エンコーダでは入力される SMILES 文字列が決まればトークンの列全体が決まるため，双方向 RNN を利用することで入力全体の情報を捉えられる．一方デコーダでは逐次的に出力されるトークンを入力するために，ある段階までに得られているトークンの情報しか利用できず，通常の RNN を用いるほかない．

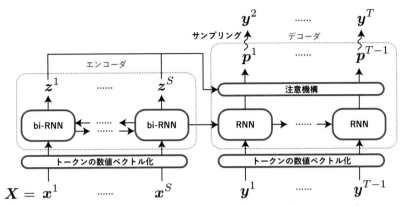

図 3.3　モデルのネットワーク構造.図の bi-RNN は双方向 RNN を表す.
エンコーダに入力されたスキャフォールドの SMILES 文字列に対
するトークン列 $X = (x^1, \ldots, x^S)$ は,双方向 RNN で潜在変数の列
$Z = (z^1, \ldots, z^S)$ へと変換され,これらの情報が注意機構で参照され
る.デコーダでは,時刻 t で入力されたトークン y^t に対して RNN
で潜在変数を計算し,注意機構を経ることで次のトークンのサンプリ
ング確率ベクトル p^t が出力される.p^t を元に次時刻でのトークン
y^{t+1} がサンプリングされる.適当な開始トークン y^1 から生成を開始
して終了トークン y^T がサンプリングされた時点で生成を終了し,フ
ラグメントの SMILES 文字列のトークン列 $Y = (y^1, \ldots, y^T)$ を得る.

　深層構造生成器に入力されるスキャフォールドには,結合可能な位置が
複数個指定されている場合がある.実際,この論文で構造を修正するヒッ
ト化合物でも,スキャフォールドのフラグメントに結合可能な位置が二つ
ある.このような場合は,以下の手順で構造生成する.

1. スキャフォールドから側鎖のフラグメントを生成し,最初の結合可能
   な位置に生成フラグメントを結合させる.
2. 生成フラグメントを結合して得られた構造に結合可能な位置が含まれ
   ていなければ,この構造を出力して生成を完了する.そうでない場合
   は,結合して得られたフラグメントを新しいスキャフォールドとして
   1 に戻る.

生成フラグメントを結合する順番がランダムになるように[14]，深層構造生成器に入力するスキャフォールドの SMILES 文字列も，データ拡張の手順と同様にランダム化するようにしている．

3.1.3　性能評価

(1) 構造生成と生成構造群の評価

　論文の著者らは訓練した深層構造生成器を利用して，ヒット化合物のスキャフォールドから 19,929 構造をサンプリングした．生成構造群の品質を評価するため，生成構造群と既知の DDR1 阻害剤に対していくつかの分子記述子を計算し，これらの分布が確認されている．結果は次のとおりであった．

- 分子量と合成可能性スコア (SAscore [108]) は既知の DDR1 阻害剤よりも生成構造群の方が大きくなる傾向があった．分子量が大きくなるのは，利用したスキャフォールドが大きい分子量を持つためである．また，生成構造群の合成可能性スコアは 5 以内に収まっており，合成は十分可能な範囲であった．
- 脂溶性の指標 (ClogP 値) は既知の DDR1 阻害剤と同様の分布であった．

このことから，生成構造群の物理化学的性質は適正であると評価している．さらに，t-SNE [109] で生成構造群の分布を可視化したり，生成構造群に含まれる Bemis–Murcko スキャフォールド [110] の種類を確認したりすることで，生成構造群が多様であると評価している．

(2) 生成構造群のスクリーニングとリード化合物の発見

　続いて，(1) で得られた生成構造群に対してスクリーニングを実施して，リード化合物の発見を試みた (図 3.4)．スクリーニングは次の手順で行われた (カッコ書きした数は当該のフィルタリングで残った構造の数を示す)．

14　生成フラグメントを結合する順番がランダムになると，生成構造が多様になることが期待される．

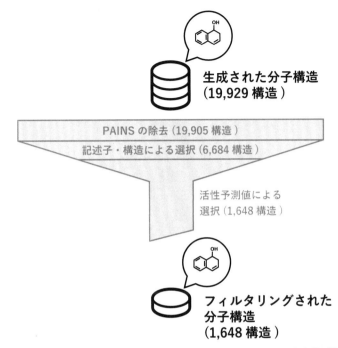

図 3.4 スクリーニングの手順．図 3.1 (b) のスキャフォールドから生成した 19,929 構造から，スクリーニングにより 1,648 構造へと候補構造を絞り込む．

1. 様々なタンパク質に対して非選択的な活性を示す化合物 (PAINS) [111] の除去 (19,905 構造).
2. 各種分子記述子や分子構造によるスクリーニング (6,684 構造).
3. DDR1 や FGFR を含む 16 種のキナーゼに対する活性予測をもとにした，DDR1 に対して選択的に結合すると予測される構造のスクリーニング (1,648 構造).

スクリーニングで得られた 1,648 構造に対して，DDR1 の結晶構造を用いてドッキングシミュレーションが実施された．このうちドッキングスコアが最良の 2 構造 (図 3.5) が実際に合成され，これらに対して活性試験を実施している．

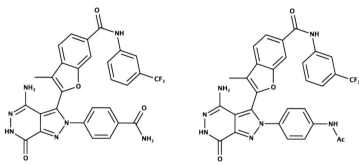

図 3.5　ドッキングスコアが最良の 2 構造. 活性試験により，どちらも良好な阻害剤であることが分かった.

　活性試験の結果，どちらの化合物も半数阻害濃度 (IC$_{50}$) が 10 nM 程度であり，良好な阻害剤であることが確認された. また，これらの構造の部分構造をわずかに変えた分子構造の活性を評価することで，特定の部分構造が DDR1 の阻害に強く影響していることが示唆された. 合成した化合物の一方は既存の DDR1 阻害剤と比べて，DDR1 に対してより優れた選択性を有することも確認されており，マウスを用いた薬理活性の評価でも良好な結果が得られた. 以上の結果から，論文の著者らは深層構造生成器を利用することでリード化合物を効率よく発見できたと結論づけている.

3.2　半教師あり学習を利用した分子構造生成

　深層構造生成器は，所望の機能を持った新規分子の構造設計を効率化する手段として，これまでにも盛んに研究されてきている[15]. 多くの研究では，QM9 データセットや ZINC データセットのような大規模なデータセットを用いて，訓練したモデルの生成性能が評価されている.
　しかし，実際に深層構造生成器を利用して構造設計を実施したい場面では，このように大規模なデータセットを利用できるとは限らない. 興味の

15　有機分子に対する深層構造生成器については，文献 [112, 113, 114] などにまとまっている. 姉妹書 [1] の有機分子の構造生成の項 (3.5 節) もあわせて参照されたい.

ある物性・活性に関するデータが既存のデータベースにほとんど存在しない場合，まずはモデルを構築するためにデータを集める必要がある．このとき，実際に化合物を合成して試験しようとすると，実験にかかる時間的・金銭的コストが大きいために多数のサンプルを獲得できる見込みは薄い．また，量子化学計算やシミュレーションにより当該の物性・活性に関するデータが得られる場合でも，多数の化合物に対する計算コストは大きく，やはり多数のサンプルを得るには時間がかかる．文献調査によりその物性・活性に関するデータをある程度集められたとしても，これによって得られるサンプル数は数百〜数千件程度になることがほとんどであろう．このように興味のある分子構造群が小規模の場合は，深層構造生成器が過剰適合してしまう可能性が高く，期待する生成性能を実現できないおそれがある．

　過剰適合を防ぐのに，物性・活性に関するデータが付与されていないラベルなしの大規模な分子構造データセット[16]を活用できるとよい．典型的な対策としては，大規模データセットで事前訓練した後に小規模のデータセットに対してファインチューニングする方法がある．ここでは，ラベルありデータセットとラベルなしデータセットを同時に利用して訓練する**半教師あり学習** (semi-supervised learning) に対応した深層構造生成器を紹介する[17]．この深層構造生成器は敵対的生成ネットワーク (GAN) とオートエンコーダを組み合わせた**敵対的オートエンコーダ** (adversarial autoencoder, AAE) [116] を用いたモデル[18]になっており，入出力にはSMILES 文字列が利用されている．

16　ラベルなしの分子構造データは，多くのデータベースから取得できる．

17　この節の内容は，過去に著者らの研究室でおこなわれた未発表の研究をもとにしている．関連研究として，文献 [115] を挙げておく．

18　GAN は，サンプルを生成するジェネレータと，入力されたサンプルがジェネレータによる生成サンプルか訓練サンプルかを判別するディスクリミネータの二つのネットワークからなる生成モデルである．GAN の訓練では，ジェネレータがディスクリミネータを騙せるように，またディスクリミネータは正しく判別できるようにパラメータを最適化する．GAN の詳細については，姉妹書 [1] の 2.3.1 節を参照されたい．一方オートエンコーダは，サンプルを生成するデコーダと，サンプルを低次元の潜在変数に変換するエンコーダの二つのネットワークからなるネットワークである．オートエンコーダの詳細については，姉妹書 [1] の 2.4.1 節を参照されたい．

3.2.1　モデル訓練のための準備

(1) 利用するデータセットとデータセットの分割

ラベルあり分子構造データセットとして，ChEMBL データベースから取得したヒトアドレナリン α_{2A} 受容体 (ADRA2A) に対する阻害活性を持つ 501 個の構造を利用している．一方，ラベルなし分子構造データセットには，ChEMBL データベースからランダムサンプリングして得られた 50 万個の構造を利用している．これらの分子構造はすべて SMILES 文字列で記載されている．

生成モデルの検証のため，ADRA2A データセットを訓練データセット (401 件) とテストデータセット (100 件) に分割している．テストデータセットの 100 構造は訓練には用いずに，訓練された生成モデルの定性的な性能評価に利用される．

(2) データセットに対する前処理

作成したデータセットに対して，以下の前処理を実施している．

立体化学情報の除去　SMILES 文字列には立体化学の情報を含めることができ，特にタンパク質に対する活性に関しては重要な情報になる．しかし，作成したデータセットのすべての分子に立体化学の情報が含まれているわけではないため，立体化学の情報がモデル訓練時にノイズとなってしまうおそれがある．そこで，ここでは全分子の立体化学情報を除去している．

SMILES 文字列の正規化　データセット内の SMILES 文字列を正規化することで，分子構造の表現を一意に定めている[19]．

---

[19]　この研究では実施されていないが，SMILES 文字列に対するデータ拡張を利用すると，モデルに有効な SMILES 文字列の様々なバリエーションを与えられる．このため，データ拡張により，分子構造に対応する有効な SMILES 文字列をモデルで生成しやすくなると考えられる．特にここでは，ラベル付きの ADRA2A データセットの規模がラベルなしの ChEMBL データセットの規模比べるとかなり小さいので，ラベル付きデータセットを重点的にデータ拡張すると ADRA2A の阻害剤らしい分子構造を生成しやすくなる可能性がある．

重複構造の除去　ChEMBL データセットに対して，ADRA2A データセットと重複するサンプルは除去するようにしている．

SMILES 文字列長の制限と原子数の制約　データセットに含まれる極端に小さい分子や極端に大きな分子は，外れ値として訓練の際にノイズになるおそれがある．このため，SMILES 文字列が 120 文字[20]より大きいものと，水素原子以外の原子が 10 個未満の分子構造をデータセットから除去している．

SMILES 文字列のトークン化　3.1.1 節 (3) で実施しているように，SMILES 文字列をモデルに与えるにはトークンに分割した後，数値ベクトルに変換する必要がある．ここでは，原子種を表すまとまりをトークンとして，one-hot エンコーディングしたり単語埋め込みを利用したりすることで数値化している．

3.2.2　利用する手法

(1) 敵対的オートエンコーダ (AAE)

　AAE は，GAN の仕組みを利用することで，オートエンコーダ[21]の潜在変数が任意の分布 $p(z)$ に従うように制約をかけることができるようにした生成モデルである (図 3.6)．AAE はエンコーダ・デコーダ・ディスクリミネータの三つのネットワークからなり，このうちエンコーダ・デコーダは通常のオートエンコーダと同様に，サンプルを潜在変数に変換したり潜在変数からサンプルを生成したりするのに利用される．一方ディスクリミネータは，入力された潜在変数が，訓練サンプルをエンコーダに通して得られた潜在変数か目標分布 $p(z)$ からサンプリングされた変数かを判別する．

　AAE の訓練では，次の 2 種類の最適化モードを順に繰り返す．

20　ここでは，ADRA2A データセットのすべてのサンプルが 120 文字以内の SMILES 文字列で表現できていることを考慮して閾値を定めている．

21　決定論的なオートエンコーダの代わりに，変分オートエンコーダ (VAE) を用いても良い [116]．

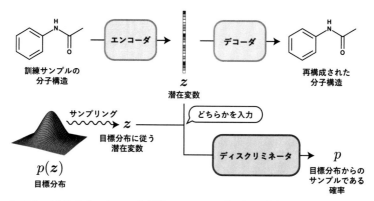

図 3.6　AAE のネットワーク構造．エンコーダは分子構造を潜在変数に，デコーダは潜在変数を分子構造に変換する．ディスクリミネータは，エンコーダ由来の潜在変数なのか目標分布由来の潜在変数なのかを分類する．エンコーダ・デコーダのパラメータは，潜在変数からうまく入力構造が再構成できるように決定される．同時に，エンコーダはディスクリミネータを騙せるように目標分布に従っているような潜在変数を作れるように，ディスクリミネータは潜在変数の由来をうまく判別できるように訓練される．つまり，エンコーダは GAN におけるジェネレータとしても振る舞う必要がある．

1. 再構成誤差の最小化　訓練サンプルをエンコーダ・デコーダの順に通して元の訓練サンプルを再構成できるようにこれら二つのネットワークのパラメータを最適化する．

2. 正則化　訓練サンプルをエンコーダに通して得られる潜在変数の分布が目標分布 $p(z)$ に近づくように，ディスクリミネータとエンコーダのパラメータを最適化する[22]．具体的には，まずディスクリミネータがうまく判別できるようにディスクリミネータのパラメータを最適化してから，エンコーダがディスクリミネータをうまく騙せるようにエ

22　VAE の訓練では，損失関数の Kullback–Leibler ダイバージェンス (付録参照) の項による正則化で，訓練サンプルをエンコーダに通して得られる潜在変数の分布が標準正規分布に近づくようになっていた (姉妹書 [1] の 2.3.2 節を参照)．AAE では，この Kullback–Leibler ダイバージェンスの項の代わりに GAN と同様の損失関数を利用することで，潜在変数の分布に正則化をかけている [117]．

ンコーダのパラメータを最適化する[23].

このように訓練することで，訓練サンプルをエンコーダに通して得られる潜在変数の分布が任意に設定した目標分布[24]$p(z)$ に近づくようになり，かつ潜在変数に訓練サンプルを構成するのに十分な情報を持たせることができると期待される．サンプルを生成するには，$p(z)$ に従う潜在変数 z をサンプリングして，これをデコーダに通せばよい．

なお，GAN と同様に AAE もうまく訓練するのが難しい．特に，ディスクリミネータはエンコーダ・デコーダと比べると訓練が容易であり，パラメータの収束が比較的速い傾向にある．こうしてディスクリミネータの訓練が他より進んでしまうと，エンコーダとデコーダの訓練がうまくいかなくなってしまうことがある．このことを考慮して，この研究ではディスクリミネータのパラメータ最適化アルゴリズムには通常の確率的勾配降下法を，エンコーダとデコーダのパラメータ最適化アルゴリズムには Adam [118] を利用することで，パラメータの収束の程度を調節している．

(2) AAE の半教師あり学習

AAE では，ディスクリミネータにサンプルの所属クラスを指定する one-hot ベクトルを追加情報として与えるようにすることで，クラスごとに従う分布を変えることができる．このことを用いて，AAE の半教師あり学習ではラベルありサンプルかラベルなしサンプルかを表す 2 次元の one-hot ベクトル s をディスクリミネータに与えるようにして，ラベルありサンプルの従う分布が $p_L(z)$ に，ラベルなしサンプルの従う分布が $p_U(z)$ になるように訓練する[25](図 3.7).

23　ここではエンコーダが GAN におけるジェネレータの役割を果たしており，分布 $p(z)$ を「データ生成分布」と見なしている．

24　ディスクリミネータの訓練では $p(z)$ からのサンプリングを実施する必要があるため，$p(z)$ からのサンプリングが容易に実行できる分布であることが望ましい．

25　全体の分布としては，$p(z) = r_L p_L(z) + r_U p_U(z)$ と定めていることに相当する（r_L, r_U はそれぞれラベルあり・ラベルなしサンプルの比率を表し，$r_L + r_U = 1$ を満たす）．

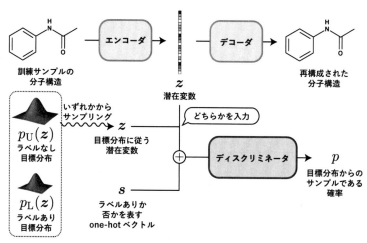

図 3.7　AAE の半教師あり学習．ラベルありサンプルは $p_L(z)$ に，ラベルな
しサンプルは $p_U(z)$ に従うようにするため，ディスクリミネータにラ
ベルありか否かの情報を one-hot ベクトル s で与える．

　大規模なラベルなし分子構造データセットを用いて半教師あり学習
を実施する主な目的は，深層構造生成器が小規模データセットに過剰
適合することなく，多様な分子構造を生成できるようにすることであ
る．これを踏まえて，$p_L(z)$ と $p_U(z)$ の高密度部分が共通部分を持つよ
うに分布を設定する．具体的には，例えば，多次元正規分布を用いて
$p_L(z) = \mathcal{N}(z \,|\, (1, 0, \ldots, 0)^\top, 0.1 I_K)$，$p_U(z) = \mathcal{N}(z \,|\, \mathbf{0}, I_K)$ などとすれば
よい (K は潜在変数の次元，I_K は K 次元単位行列)．このように設定し
た AAE を訓練した後，ラベルありサンプルに対応する潜在変数の分布
$p_L(z)$ からサンプリングした潜在変数をデコーダで変換すれば，ラベルあ
りサンプルらしいサンプルが得られると期待される．

(3) AAE のネットワーク構成

　エンコーダは，入力された SMILES 文字列 (の数値ベクトル表現) に対
して 1 次元の畳み込み層で特徴抽出することで潜在変数を出力する．エ
ンコーダの出力層では，潜在変数の各要素の値域が大きくなりすぎないよ
うに，tanh 関数を利用して $(-1, 1)$ の範囲に収まるようにしている．また

デコーダは，入力された潜在変数を利用しながら通常 (順方向) の GRU によってトークンの出現確率を出力する再帰型ニューラル言語モデルである[26]．そして，ディスクリミネータは全結合型ニューラルネットワークで構成されている．ネットワークのハイパーパラメータはグリッドサーチにより決定されている．

3.2.3 性能評価

　まずは，訓練した AAE を利用して ADRA2A データセットに含まれるサンプルらしい分子構造が生成できるか否かを評価した．このために，ADRA2A データセットに対応するラベルあり潜在変数の分布 $p_L(z)$ と ChEMBL データセットに対応するラベルなし潜在変数の分布 $p_U(z)$ からそれぞれ潜在変数を 1,000 回サンプリングして分子構造を生成し，得られた分子構造群の活性確率の分布を確認している．ここで，活性確率は，事前に訓練した Random Forest モデルの出力値を利用している[27]．

　結果として，ラベルなし潜在変数の分布 $p_U(z)$ を用いて生成した分子構造群よりも，ラベルあり潜在変数の分布 $p_L(z)$ を用いて生成した分子構造群のほうが活性確率が高い構造の割合が多くなった．また，ラベルあり潜在変数の分布 $p_L(z)$ から生成された SMILES 文字列のうち有効なものは 77.3% であり，うち 6 構造はテストデータセットの 100 構造に含まれるものと一致していることが確認された．これらのことから，この方法を利用することで，小規模データセットに含まれるサンプルらしい分子構造をうまく生成できることが示唆された．ただし，生成された構造の骨格があまり多様でないことが指摘されている．

　なお，この研究では他にも，M1・M2 モデルを利用した条件付き VAE での半教師あり学習 [119] や Positive–Unlabeled 学習を利用した手

26　つまり，3.1 節のデコーダ部分と同様のものを利用している．この研究では注意機構は利用されていなかったが，利用することで生成性能が改善する可能性はある．

27　訓練に利用したデータセットは，401 件の ADRA2A 活性化合物と，401 件の ChEMBL からランダムに取得した化合物である．ChEMBL からランダムに取得した化合物は ADRA2A に対する活性が完全に無いとは断定できないため，構築した分類モデルの予測性能には改善の余地があるが，活性確率分布の比較に利用するのは問題ないと判断している．

法 [120] も検討しているが，AAE ほどの生成性能は得られていない．

3.3　変分オートエンコーダを用いた四元系複合アニオン化合物の発見

　無機材料の構成元素は，組成や結晶構造，ひいてはその材料の物性を決める重要な要素である．新規無機材料の探索では，数多くある元素の中から化学者の知見や経験をもとにして構成元素の組み合わせを決めたうえで，材料の組成を検討していく．しかし，構成元素の選び方は無数にあるため，この中からうまく結晶構造を合成できる構成元素の組み合わせを見つけるのはかなりの試行錯誤を必要とするのが普通である．

　この節では，変分オートエンコーダ (VAE) をサンプル生成ではなく異常検知モデルとして利用することで構成元素の組み合わせに対する合成可能性を評価する手法 [121] を紹介する．訓練した VAE を用いると，構成元素の組み合わせを合成可能性の高い順にランク付けできるようになっている．このランク付けは，組成を探索する系を選択する際に役立つであろう．ここでは実際に新規のリチウムイオン伝導体のための構成元素の組み合わせを探索しており，発見した構成元素の組み合わせに対して組成を探索することで新しい材料を発見できている．

3.3.1　モデル訓練のための準備

(1) 利用するデータセット

　論文の著者らは，Inorganic Crystal Structure Database (ICSD) [31] からデータを取得することで，構成元素の組み合わせを集めたデータセットを作成した．

モデル訓練のためのデータセット　モデル訓練のためのデータセットとして，ICSD から M–M′–A–A′ の組み合わせの四元系のみを取得している．ここで，M・M′ は正の酸化数をとる元素のカチオンのいずれかを，A・A′ は N・P・O・S・F などを含む 12 種類の元素のアニオンのいずれか

を表す．なお，ICSD には M と A が同一の元素となる組み合わせも含まれているが，利用する四元系でカチオンとアニオンを 2 種類ずつ利用していることを明確にするためにこれらの四元系は利用しない．こうして，2,021 種類の四元系のデータセットが得られた．

スクリーニングのためのデータセット スクリーニングのためのデータセットとして，新規のリチウムイオン伝導体の探索のため，Li–M–A–A′ の四元系を検討している．ここで，M は B・Mg・Si・Sn・La などを含む 15 種類の元素のカチオンのいずれかを，A・A′ は N・O・S・F・Cl・Br・I の 7 種類の元素のアニオンのいずれかを表す[28]．こうして，候補となる 303 種類の組み合わせからなるデータセットが作成された．このデータセットに対して，訓練したモデルが予測する合成可能性でサンプルをランク付けする．

(2) 構成要素の組み合わせの記述子ベクトル化とデータ拡張

続いて，四元系 M–M′–A–A′ のデータから記述子ベクトルを作成する．まず原子番号・イオン半径・電気陰性度などを含む 37 個[29]の記述子を M・M′・A・A′ に対して計算し，それぞれの記述子ベクトル $x_M, x_{M'}, x_A, x_{A'} \in \mathbb{R}^{37}$ を得る．そして，四元系 M–M′–A–A′ の記述子ベクトルを $x_M, x_{M'}, x_A, x_{A'}$ を結合した 148 次元ベクトルとする．ここで，$x_M, x_{M'}, x_A, x_{A'}$ の結合の順序は 4! = 24 通りあるので，全パターンを網羅することでデータセットを 24 倍に拡張している．

28　候補元素は，望ましくない酸化還元特性を示しうる遷移元素を避ける，毒性を持つものを避けるなど，元素の化学的・物理的性質を元に選択されている．

29　論文の著者らは，40 個の記述子を用意したうえで，記述子選択により利用する記述子を 37 個に絞っている．具体的には，VAE でサンプルを再構成した際に誤差が極めて大きくなる特徴量を削除している．

3.3.2　利用する手法

　利用する VAE は，すべて全結合層のみで構成されている (図 3.8 (a))．VAE の訓練では，訓練サンプルをエンコーダに通した後の潜在変数の分布が標準正規分布に近づくように正則化をかけながら，エンコーダ・デコーダの順に通して元の訓練サンプルをうまく再構成できるようにパラメータが最適化される．このため，訓練サンプルや訓練サンプルに近いサンプルに対しては，エンコーダ・デコーダの順に通して得られるサンプルとの再構成誤差が小さくなることが期待される．このとき，あるサンプルに対して再構成誤差が大きくなった場合は，そのサンプルは訓練サンプルと似ていない異常なサンプルであるとみなせる．よって，再構成誤差の大きさによって訓練サンプルとの乖離度を評価できる (図 3.8 (b))．

　ここでは，訓練サンプルに実在の無機結晶の構成元素データを利用しているため，訓練サンプルとの乖離度が入力された四元系の合成可能性を表すと考えられる．ゆえに，訓練に利用していない構成元素の組み合わせをVAE に入力して再構成誤差を測り，再構成誤差が小さい順に順位をつけることで，構成元素の組み合わせを合成可能性の高い順にランク付けできる．

3.3.3　性能評価

(1) VAE の訓練

　論文の著者らはまず，実在の構成元素の組み合わせに対して再構成誤差が小さくなるような VAE を構成できることを確認した．5-fold のクロスバリデーションを実施しており，検証サンプル[30]に対する再構成誤差がどの程度であるかを確認した．検証サンプルの再構成誤差を Min–Max 正規化により値域を $[0, 1]$ に調節すると，平均 79.8% の検証サンプルが 0.5 以下の再構成誤差になっていることが確認された．このことから，訓練した VAE によって合成可能性がうまく評価できることが示唆された．

30　検証データセットも実在の構成元素の組み合わせのみを含んでいることに注意する．

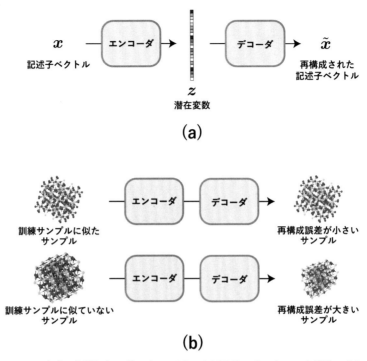

(a)

(b)

図 3.8 合成可能性評価に利用する VAE．(a) VAE のネットワーク構造．(b) 合成可能性の評価方法．合成可能な訓練サンプルに似たサンプルは，再構成誤差が小さくなると期待される．再構成誤差が大きくなった場合は，訓練サンプルに似ていない (すなわち，合成可能性が低い) と判断できる．

(2) VAE による合成可能性ランク付け

続いて，訓練した VAE で算出される Min–Max 正規化された再構成誤差により，スクリーニング用サンプルをランク付けする．Min–Max 正規化された再構成誤差が小さい，上位の構成元素の組み合わせには，例えば，Li–P–S–O・Li–Sn–S–Cl・Li–Si–S–Cl などが含まれていた．このうち，Li–P–S–O の系には実際に合成可能な組成が含まれていることが知られており，モデルの妥当性が示唆された．また，Li–Sn–S–Cl の系ではまだ合成可能な組成が見つかっていないものの，Cl を含めない三元系の $Li_{0.8}Sn_{0.8}S_2$ は高いリチウムイオン伝導性を持つことが知られて

いる．これを受けて，論文の著者らは Li–Sn–S–Cl の四元系の組成を探索することにしており，探索[31]の結果，リチウムイオン伝導性を有する $Li_{3.3}SnS_{3.3}Cl_{0.7}$ の合成に成功している．

31　組成の探索では，まず色々な組成に対して結晶構造を予測してから生成エネルギーを計算している．続いて，計算されたエネルギーと既に報告されている三元系の生成エネルギーなどから各組成の Energy above hull (姉妹書 [1] の 7.4 節を参照) で評価される合成可能性を補間し，合成可能性が高いと判断されたいくつかの組成を実際に合成できるかどうかを実験している．

付録

本書で利用する数学の用語や演算の定義を簡単にまとめた．必要に応じて参照していただきたい．

ベクトル

実 n 次元ベクトル $x = (x_1, \ldots, x_n)^\top, y = (y_1, \ldots, y_n)^\top \in \mathbb{R}^n$ の (標準) 内積を $x \cdot y = \sum_{i=1}^n x_i y_i$ で定める．

実数 $p \geq 1$ に対し，実 n 次元ベクトル $x = (x_1, \ldots, x_n)$ の L_p ノルムは $\|x\|_p := \left(\sum_{i=1}^n x_i^p \right)^{1/p}$ で定められる．

実 n 次元ベクトル $x = (x_1, \ldots, x_n)^\top$ と実 m 次元ベクトル $y = (y_1, \ldots, y_m)^\top$ に対し，x に y を**結合** (concatenate) して得られるベクトルを $x \oplus y := (x_1, \ldots, x_n, y_1, \ldots, y_m)^\top$ と表す．一般には，$x \oplus y \neq y \oplus x$ である．

確率変数・確率分布

確率変数の列 $\{ x_i \}_{i=1}^N$ が独立であって，いずれも同一の確率分布に従うとき，i.i.d. であるという (i.i.d. は "independent and identically distributed" の略)．特に言及のない限り，データセットに含まれるサンプルの列は i.i.d. であることを仮定する．

n 次元確率変数 $x \sim p(x)$ とスカラー値実関数 $f: \mathbb{R}^n \to \mathbb{R}$ に対し，確率分布 $p(x)^1$ に関する $f(x)$ の**期待値** (expectation) を

$$\mathbb{E}_{p(x)}[f(x)] = \int f(x)p(x) \, \mathrm{d}x$$

と表す．確率分布 $p(x)$ が離散分布の場合，定式の積分は取りうる x すべての総和であると解釈する．

二つの確率分布 $p(x), q(x)$ に対して，$p(x)$ の $q(x)$ に対する

---

1   本来，確率分布は確率測度のことを指すが，簡単のために確率 (密度) 関数と同じ記号を利用することが多い．確率 (密度) 関数 $p(x)$ をもつ確率分布のことを，記号を濫用して $p(x)$ と書いていると理解する．なお，連続量をとる確率変数の従う分布が必ずしも確率密度関数を持つわけではないことも，併せて注意しておく．

Kullback–Leibler ダイバージェンス (Kullback–Leibler divergence) を

$$D_{KL}\big[p(x)\big\|q(x)\big] = \mathbb{E}_{p(x)}\left[\log \frac{p(x)}{q(x)}\right] = \int p(x)\log \frac{p(x)}{q(x)}\,\mathrm{d}x$$

と表す. Kullback–Leibler ダイバージェンスは一般には対称的でない,すなわち $D_{KL}[p(x)\|q(x)] \neq D_{KL}[q(x)\|p(x)]$ だが,分布 $p(x), q(x)$ の差異の程度を表す量[2]であると考えられる.

同様に,二つの確率分布 $p(x), q(x)$ に対して,$p(x)$ と $q(x)$ の**Jensen–Shannon ダイバージェンス** (Jensen–Shannon divergence) を

$$D_{JS}[p(x)\|q(x)] := \frac{1}{2}\big(D_{KL}[p(x)\|m(x)] + D_{KL}[q(x)\|m(x)]\big)$$

$$m(x) = \frac{p(x) + q(x)}{2}$$

と定める. Jensen–Shannon ダイバージェンスは対称的である,すなわち $D_{JS}[p(x)\|q(x)] = D_{JS}[q(x)\|p(x)]$. いずれのダイバージェンスも常に非負値であり,ダイバージェンスが 0 となるのは二つの分布が一致するときに限る.

2　Kullback–Leibler ダイバージェンスは,分布 $p(x)$ をサンプル x の従う真の分布とみたときの対数尤度比 $\log p(x)/q(x)$,すなわち,「x が分布 q より分布 p から得られたと考えられる程度」の平均とみなせる. これは,p と q が異なっているときに大きくなる.

参考文献

[1] 船津公人 et al. 詳解 マテリアルズインフォマティクス – 有機・無機化学のための深層学習. 近代科学社 Digital, 2021.

[2] S. Heller et al. "InChI-the worldwide chemical structure identifier standard". In: *Journal of Cheminformatics* 5.1 (2013), pp. 1–9.

[3] S. R. Heller et al. "InChI, the IUPAC international chemical identifier". In: *Journal of Cheminformatics* 7.1 (2015), p. 23.

[4] D. Weininger. "SMILES, a chemical language and information system. 1. Introduction to methodology and encoding rules". In: *Journal of chemical information and computer sciences* 28.1 (1988), pp. 31–36.

[5] D. Weininger et al. "SMILES. 2. Algorithm for generation of unique SMILES notation". In: *Journal of chemical information and computer sciences* 29.2 (1989), pp. 97–101.

[6] D. Weininger. "SMILES-A Language for Molecules and Reactions". In: *Handbook of Chemoinformatics: From Data to Knowledge in 4 Volumes* (2003), pp. 80–102.

[7] *Daylight Theory Manual*. (Accessed on 11/17/2022). URL: https://www.daylight.com/dayhtml/doc/theory/.

[8] *OpenSMILES specification*. (Accessed on 11/17/2022). URL: http://opensmiles.org/opensmiles.html.

[9] G. Landrum. *RDKit: Open-source cheminformatics*. (Accessed on 11/17/2022). URL: http://www.rdkit.org.

[10] *CTFile Formats*. (Accessed on 11/17/2022). URL: https://www.daylight.com/meetings/mug05/Kappler/ctfile.pdf.

[11] S. Kim et al. "PubChem in 2021: new data content and improved web interfaces". In: *Nucleic Acids Research* 49.D1 (2021), pp. D1388–D1395.

[12] E. E. Bolton et al. "PubChem3D: A new resource for scientists". In: *Journal of Cheminformatics* 3.9 (2011), pp. 1–15.

[13] D. Mendez et al. "ChEMBL: towards direct deposition of bioassay data". In: *Nucleic acids research* 47.D1 (2019), pp. D930–D940.

[14] T. Sterling et al. "ZINC 15–ligand discovery for everyone". In: *Journal of Chemical Information and Modeling* 55.11 (2015), pp. 2324–2337.

[15] J. J. Irwin et al. "ZINC20—A Free Ultralarge-Scale Chemical Database for Ligand Discovery". In: *Journal of Chemical Information and Modeling* (2020).

[16] B. Tingle et al. "ZINC-22-A Free Multi-Billion-Scale Database of Tangible Compounds for Ligand Discovery". In: (2022).

[17] T. Fink et al. "Virtual exploration of the chemical universe up to 11 atoms of C, N, O, F: assembly of 26.4 million structures (110.9 million stereoisomers) and analysis for new ring systems, stereochemistry, physicochemical properties, compound classes, and drug discovery". In: *Journal of Chemical Information and Modeling* 47.2 (2007), pp. 342–353.

[18] L. C. Blum et al. "970 million druglike small molecules for virtual screening in the chemical universe database GDB-13". In: *Journal of the American Chemical Society* 131.25 (2009), pp. 8732–8733.

[19] L. Ruddigkeit et al. "Enumeration of 166 billion organic small molecules in the chemical universe database GDB-17". In: *Journal of Chemical Information and Modeling* 52.11 (2012), pp. 2864–2875.

[20] J. S. Smith et al. "ANI-1: an extensible neural network potential with DFT accuracy at force field computational cost". In: *Chemical science* 8.4 (2017), pp. 3192–3203.

[21] R. Ramakrishnan et al. "Quantum chemistry structures and properties of 134 kilo molecules". In: *Scientific Data* 1 (2014).

[22] F. Oviedo et al. "Fast and interpretable classification of small X-ray diffraction datasets using data augmentation and deep neural networks". In: *npj Computational Materials* 5.1 (May 2019), p. 60.

[23] Y. Suzuki et al. "Symmetry prediction and knowledge discovery from X-ray diffraction patterns using an interpretable machine learning approach". In: *Scientific Reports* 10.1 (Dec. 2020), p. 21790.

[24] A. Maksov et al. "Deep learning analysis of defect and phase evolution during electron beam-induced transformations in WS 2". In: *npj Computational Materials* 5.1 (2019), pp. 1–8.

[25] M. Ge et al. "Deep learning analysis on microscopic imaging in materials science". In: *Materials Today Nano* (2020), p. 100087.

[26] T. Damhus et al. "Nomenclature of inorganic chemistry: IUPAC recommendations 2005". In: *Chemistry International* (2005).

[27] S. R. Hall et al. "The crystallographic information file (CIF): a new standard archive file for crystallography". In: *Acta Crystallographica Section A: Foundations of Crystallography* 47.6 (1991), pp. 655–685.

[28] K. Momma et al. "VESTA 3 for three-dimensional visualization of crystal, volumetric and morphology data". In: *Journal of applied crystallography* 44.6 (2011), pp. 1272–1276.

[29] S. P. Ong et al. "Python Materials Genomics (pymatgen): A robust, open-source python library for materials analysis". In: *Computational Materials Science* 68 (2013), pp. 314–319.

[30] L. Ward et al. "Matminer: An open source toolkit for materials data mining". In: *Computational Materials Science* 152.April (2018), pp. 60–69.

[31] M. Hellenbrandt. "The inorganic crystal structure database (ICSD) - Present and future". In: *Crystallography Reviews* 10.1 (2004), pp. 17–22.

[32] S. Gražulis et al. "Crystallography Open Database – an open-access collection of crystal structures". In: *Journal of Applied Crystallography* 42.4 (Aug. 2009), pp. 726–729.

[33] A. Jain et al. "Commentary: The Materials Project: A materials genome approach to accelerating materials innovation". In: *Apl Materials* 1.1 (2013), p. 011002.

[34] S. Curtarolo et al. "AFLOWLIB. ORG: A distributed materials properties repository from high-throughput ab initio calculations". In: *Computational Materials Science* 58 (2012), pp. 227–235.

[35] *Mission - NOMAD Lab.* (Accessed on 11/17/2022). URL: https://nomad-lab.eu/.

[36] P. Villars et al. "The pauling file". In: *Journal of Alloys and Compounds* 367.1-2 (2004), pp. 293–297.

[37] E. Blokhin et al. "The PAULING FILE project and materials platform for data science: From big data toward materials genome". In: *Handbook of Materials Modeling: Methods: Theory and Modeling* (2020), pp. 1837–1861.

[38] J. O'Mara et al. "Materials Data Infrastructure: A Case Study of the Citrination Platform to Examine Data Import, Storage, and Access". In: *JOM* 68.8 (Aug. 2016), pp. 2031–2034.

[39] *NIMS 物質・材料データベース (MatNavi) - DICE :: 国立研究開発法人物質・材料研究機構.* (Accessed on 11/17/2022). URL: https://mits.nims.go.jp/.

[40] *Starrydata2.* (Accessed on 11/17/2022). URL: https://www.starrydata2.org/.

[41] L. Chanussot et al. "The Open Catalyst 2020 (OC20) Dataset and Community Challenges". In: *arXiv preprint arXiv:2010.09990* (2020).

[42] T. Zhou et al. "Big Data Creates New Opportunities for Materials Research: A Review on Methods and Applications of Machine Learning for Materials Design". In: *Engineering* 5.6 (2019), pp. 1017–1026.

[43] L. Himanen et al. "Data-Driven Materials Science: Status, Challenges, and Perspectives". In: *Advanced Science* 6.21 (2019), p. 1900808.

[44] *tilde-lab/awesome-materials-informatics: Curated list of known efforts in materials informatics.* (Accessed on 11/17/2022). URL: https://github.com/tilde-lab/awesome-materials-informatics.

[45] C. Kuenneth et al. "Polymer informatics with multi-task learning". In: *Patterns* 2.4 (2021), p. 100238.

[46] L. Huang et al. "Normalization techniques in training dnns: Methodology, analysis and application". In: *arXiv preprint arXiv:2009.12836* (2020).

[47] K. He et al. "Delving deep into rectifiers: Surpassing human-level performance on imagenet classification". In: *Proceedings of the IEEE international conference on computer vision*. 2015, pp. 1026–1034.

[48] L. Li et al. "Hyperband: A novel bandit-based approach to hyperparameter optimization". In: *The Journal of Machine Learning Research* 18.1 (2017), pp. 6765–6816.

[49] M. Seeger. "Gaussian processes for machine learning". In: *International journal of neural systems* 14.02 (2004), pp. 69–106.

[50] V. L. Deringer et al. "Gaussian process regression for materials and molecules". In: *Chemical Reviews* 121.16 (2021), pp. 10073–10141.

[51] S. M. Lundberg et al. "A unified approach to interpreting model predictions". In: *Advances in neural information processing systems* 30 (2017).

[52] A. Shrikumar et al. "Learning important features through propagating activation differences". In: *International conference on machine learning*. PMLR. 2017, pp. 3145–3153.

[53] C. Meng et al. "When Physics Meets Machine Learning: A Survey of Physics-Informed Machine Learning". In: *arXiv preprint arXiv:2203.16797* (2022).

[54] S. Cuomo et al. "Scientific Machine Learning through Physics-Informed Neural Networks: Where we are and What's next". In: *Journal of Scientific Computing* 92.88 (2022), pp. 1–62.

[55] G. E. Karniadakis et al. "Physics-informed machine learning". In: *Nature Reviews Physics* 3.6 (2021), pp. 422–440.

[56] M. Tsubaki et al. "Quantum deep descriptor: Physically informed transfer learning from small molecules to polymers". In: *Journal of Chemical Theory and Computation* 17.12 (2021), pp. 7814–7821.

[57] M. Tsubaki et al. "Quantum deep field: data-driven wave function, electron density generation, and atomization energy prediction and extrapolation with machine learning". In: *Physical Review Letters* 125.20 (2020), p. 206401.

[58] P. Hohenberg et al. "Inhomogeneous electron gas". In: *Physical review* 136.3B (1964), B864.

[59] T. D. Huan et al. "A polymer dataset for accelerated property prediction and design". In: *Scientific data* 3.1 (2016), pp. 1–10.

[60] H. Huo et al. "Unified representation for machine learning of molecules and crystals". In: *arXiv preprint arXiv:1704.06439* 13754 (2017).

[61] A. P. Bartók et al. "On representing chemical environments". In: *Physical Review B* 87.18 (2013), p. 184115.

[62] Z. Wang et al. "A new OECD definition for per-and polyfluoroalkyl substances". In: *Environmental science & technology* 55.23 (2021), pp. 15575–15578.

[63] J. Feinstein et al. "Uncertainty-Informed Deep Transfer Learning of Perfluoroalkyl and Polyfluoroalkyl Substance Toxicity". In: *Journal of Chemical Information and Modeling* 61.12 (2021), pp. 5793–5803.

[64] Y. Geifman et al. "Selectivenet: A deep neural network with an integrated reject option". In: *International conference on machine learning*. PMLR. 2019, pp. 2151–2159.

[65] C. M. Grulke et al. "EPA's DSSTox database: History of development of a curated chemistry resource supporting computational toxicology research". In: *Computational Toxicology* 12 (2019), p. 100096.

[66] H. Moriwaki et al. "Mordred: a molecular descriptor calculator". In: *Journal of cheminformatics* 10.1 (2018), pp. 1–14.

[67] D. Rogers et al. "Extended-connectivity fingerprints". In: *Journal of Chemical Information and Modeling* 50.5 (2010), pp. 742–754.

[68] T. N. Kipf et al. "Semi-supervised classification with graph convolutional networks". In: *arXiv preprint arXiv:1609.02907* (2016).

[69] Y.-X. Wang et al. "Nonnegative matrix factorization: A comprehensive review". In: *IEEE Transactions on knowledge and data engineering* 25.6 (2012), pp. 1336–1353.

[70] L. Breiman. "Random forests". In: *Machine learning* 45.1 (2001), pp. 5–32.

[71] B. Lakshminarayanan et al. "Simple and scalable predictive uncertainty estimation using deep ensembles". In: *Advances in neural information processing systems* 30 (2017).

[72] J. P. Janet et al. "A quantitative uncertainty metric controls error in neural network-driven chemical discovery". In: *Chemical science* 10.34 (2019), pp. 7913–7922.

[73] E. Hüllermeier et al. "Aleatoric and epistemic uncertainty in machine learning: An introduction to concepts and methods". In: *Machine Learning* 110.3 (2021), pp. 457–506.

[74] J. Gawlikowski et al. "A survey of uncertainty in deep neural networks". In: *arXiv preprint arXiv:2107.03342* (2021).

[75] M. Abdar et al. "A review of uncertainty quantification in deep learning: Techniques, applications and challenges". In: *Information Fusion* 76 (2021), pp. 243–297.

[76] Z. Guo et al. "A Survey on Uncertainty Reasoning and Quantification for Decision Making: Belief Theory Meets Deep Learning". In: *arXiv preprint arXiv:2206.05675* (2022).

[77] F. Cerutti et al. "Evidential Reasoning and Learning: a Survey". In: *Proceedings of the Thirty-First International Joint Conference on Artificial Intelligence, IJCAI-22.* Ed. by L. D. Raedt. Survey Track. International Joint Conferences on Artificial Intelligence Organization, July 2022, pp. 5418–5425. DOI: 10.24963/ijcai.2022/760. URL: https://doi.org/10.24963/ijcai.2022/760.

[78] K. Hendrickx et al. "Machine learning with a reject option: A survey". In: *arXiv preprint arXiv:2107.11277* (2021).

[79] A. Davariashtiyani et al. "Predicting synthesizability of crystalline materials via deep learning". In: *Communications Materials* 2.1 (2021), pp. 1–11.

[80] P. Perera et al. "One-class classification: A survey". In: *arXiv preprint arXiv:2101.03064* (2021).

[81] N. Seliya et al. "A literature review on one-class classification and its potential applications in big data". In: *Journal of Big Data* 8.1 (2021), pp. 1–31.

[82] A. Vriza et al. "One class classification as a practical approach for accelerating π-π co-crystal discovery". In: *Chemical science* 12.5 (2021), pp. 1702–1719.

[83] J. Bekker et al. "Learning from positive and unlabeled data: A survey". In: *Machine Learning* 109.4 (2020), pp. 719–760.

[84] J. Jang et al. "Structure-based synthesizability prediction of crystals using partially supervised learning". In: *Journal of the American Chemical Society* 142.44 (2020), pp. 18836–18843.

[85] V. Tshitoyan et al. "Unsupervised word embeddings capture latent knowledge from materials science literature". In: *Nature* 571.7763 (2019), pp. 95–98.

[86] S. Hall. "Space-group notation with an explicit origin". In: *Acta Crystallographica Section A: Crystal Physics, Diffraction, Theoretical and General Crystallography* 37.4 (1981), pp. 517–525.

[87] C. Su et al. "Construction of crystal structure prototype database: methods and applications". In: *Journal of Physics: Condensed Matter* 29.16 (2017), p. 165901.

[88] Y. Sun et al. "Classification of imbalanced data: A review". In: *International journal of pattern recognition and artificial intelligence* 23.04 (2009), pp. 687–719.

[89] H. Kaur et al. "A systematic review on imbalanced data challenges in machine learning: Applications and solutions". In: *ACM Computing Surveys (CSUR)* 52.4 (2019), pp. 1–36.

[90] Y. Feng et al. "Imbalanced classification: A paradigm-based review". In: *Statistical Analysis and Data Mining: The ASA Data Science Journal* 14.5 (2021), pp. 383–406.

[91] T.-C. Nguyen et al. "Learning hidden chemistry with deep neural networks". In: *Computational Materials Science* 200 (2021), p. 110784.

[92] T. L. Pham et al. "Machine learning reveals orbital interaction in materials". In: *Science and technology of advanced materials* 18.1 (2017), p. 756.

[93] S. Kirklin et al. "The Open Quantum Materials Database (OQMD): assessing the accuracy of DFT formation energies". In: *npj Computational Materials* 1.1 (2015), pp. 1–15.

[94] A. Inoue. "Recent progress of Zr-based bulk amorphous alloys". In: *SCIENCE REPORTS-RESEARCH INSTITUTES TOHOKU UNIVERSITY SERIES A* 42 (1996), pp. 1–12.

[95] R. M. Forrest et al. "Machine-learning improves understanding of glass formation in metallic systems". In: *Digital discovery* 1.4 (2022), pp. 476–489.

[96] N. Srebro et al. "Rank, trace-norm and max-norm". In: *International conference on computational learning theory*. Springer. 2005, pp. 545–560.

[97] X. Tan et al. "Discovery of pyrazolo [3, 4-d] pyridazinone derivatives as selective DDR1 inhibitors via deep learning based design, synthesis, and biological evaluation". In: *Journal of Medicinal Chemistry* 65.1 (2021), pp. 103–119.

[98] J. Arús-Pous et al. "SMILES-based deep generative scaffold decorator for de-novo drug design". In: *Journal of cheminformatics* 12.1 (2020), pp. 1–18.

[99] Y. Hu et al. "Computational exploration of molecular scaffolds in medicinal chemistry: Miniperspective". In: *Journal of medicinal chemistry* 59.9 (2016), pp. 4062–4076.

[100] X. Q. Lewell et al. "Recap retrosynthetic combinatorial analysis procedure: a powerful new technique for identifying privileged molecular fragments with useful applications in combinatorial chemistry". In: *Journal of chemical information and computer sciences* 38.3 (1998), pp. 511–522.

[101] E. J. Bjerrum. "SMILES enumeration as data augmentation for neural network modeling of molecules". In: *arXiv preprint arXiv:1703.07076* (2017).

[102]   J. Arús-Pous et al. "Randomized SMILES strings improve the quality of molecular generative models". In: *Journal of cheminformatics* 11.1 (2019), pp. 1–13.

[103]   T. Inoue et al. "Technique of Augmenting Molecular Graph Data by Perturbating Hidden Features". In: *Molecular Informatics* (2022), p. 2100267.

[104]   D. Bahdanau et al. "Neural machine translation by jointly learning to align and translate". In: *arXiv preprint arXiv:1409.0473* (2014).

[105]   I. Sutskever et al. "Sequence to sequence learning with neural networks". In: *arXiv preprint arXiv:1409.3215* (2014).

[106]   S. Hochreiter et al. "Long short-term memory". In: *Neural computation* 9.8 (1997), pp. 1735–1780.

[107]   M. Schuster et al. "Bidirectional recurrent neural networks". In: *IEEE transactions on Signal Processing* 45.11 (1997), pp. 2673–2681.

[108]   P. Ertl et al. "Estimation of synthetic accessibility score of drug-like molecules based on molecular complexity and fragment contributions". In: *Journal of Cheminformatics* 1.1 (2009), pp. 1–11.

[109]   L. Van der Maaten et al. "Visualizing data using t-SNE." In: *Journal of machine learning research* 9.11 (2008).

[110]   G. W. Bemis et al. "The properties of known drugs. 1. Molecular frameworks". In: *Journal of medicinal chemistry* 39.15 (1996), pp. 2887–2893.

[111]   J. B. Baell et al. "New substructure filters for removal of pan assay interference compounds (PAINS) from screening libraries and for their exclusion in bioassays". In: *Journal of medicinal chemistry* 53.7 (2010), pp. 2719–2740.

[112]   D. C. Elton et al. "Deep learning for molecular design—a review of the state of the art". In: *Molecular Systems Design & Engineering* 4.4 (2019), pp. 828–849.

[113]   T. Sousa et al. "Generative deep learning for targeted compound design". In: *Journal of Chemical Information and Modeling* 61.11 (2021), pp. 5343–5361.

[114]   Y. Du et al. "MolGenSurvey: A Systematic Survey in Machine Learning Models for Molecule Design". In: *arXiv preprint arXiv:2203.14500* (2022).

[115]   T. Blaschke et al. "Application of generative autoencoder in de novo molecular design". In: *Molecular informatics* 37.1-2 (2018), p. 1700123.

[116]   A. Makhzani et al. "Adversarial autoencoders". In: *arXiv preprint arXiv:1511.05644* (2015).

[117]   O. Bousquet et al. "From optimal transport to generative modeling: the VEGAN cookbook". In: *arXiv preprint arXiv:1705.07642* (2017).

[118]   D. P. Kingma et al. "Adam: A method for stochastic optimization". In: *arXiv preprint arXiv:1412.6980* (2014).

[119]   D. P. Kingma et al. "Semi-supervised learning with deep generative models". In: *arXiv preprint arXiv:1406.5298* (2014).

[120]   M. Hou et al. "Generative adversarial positive-unlabelled learning". In: *arXiv preprint arXiv:1711.08054* (2017).

[121]   A. Vasylenko et al. "Element selection for crystalline inorganic solid discovery guided by unsupervised machine learning of experimentally explored chemistry". In: *Nature communications* 12.1 (2021), pp. 1–12.

索引

著者紹介

船津 公人 （ふなつ きみと）

1978年　九州大学理学部化学科卒
1983年　九州大学大学院理学研究科化学専攻博士課程修了(理学博士)
1984年　豊橋技術科学大学物質工学系助手，1992年　同知識情報工学系助教授
2004年　東京大学大学院工学系研究科化学システム工学専攻教授
2011年　ストラスブール大学招聘教授
2017年10月　奈良先端科学技術大学院大学データ駆動型サイエンス創造センター研究ディレクター　教授を兼務
2021年3月　東京大学定年退職
2021年4月　奈良先端科学技術大学院大学データ駆動型サイエンス創造センター研究ディレクター　特任教授
2021年6月　東京大学名誉教授
2022年　奈良先端科学技術大学院大学データ駆動型サイエンス創造センター長，特任教授

　学位は有機反応機構研究で取得．専門分野はケモインフォマティクス．1984年からケモインフォマティクスの分野に身を投じている．ケモインフォマティクス利用による分子・薬物設計，材料設計（プロセス条件も含む），構造解析，合成経路設計，化学プラントなどを対象とした監視と制御のためのソフトセンサー開発に取り組む．
　著書に『コンピュータ・ケミストリーシリーズ1 CHEMICS—コンピュータによる構造解析—』（共著，共立出版），『コンピュータ・ケミストリーシリーズ2 AIPHOS—コンピュータによる有機合成経路探索—』（共著，共立出版），『ソフトセンサー入門　基礎から実用的研究例まで』（共著，コロナ社），『ケモインフォマティクス　予測と設計のための化学情報学』（共訳，丸善・Wiley），『実践 マテリアルズインフォマティクス—Pythonによる材料設計のための機械学習—』（共著，近代科学社），『詳解 マテリアルズインフォマティクス—有機・無機化学のための深層学習—』（共著，近代科学社Digital）など．
　日本科学技術情報センター丹羽賞・学術賞(1988年)，日本コンピュータ化学会学会賞(2003年)，2019年8月アメリカ化学会より，当該分野のノーベル賞とされるHerman Skolnik賞を受賞．2021年3月 日本化学会学術賞「データ駆動型化学の開拓」を受賞．

井上 貴央 （いのうえ たかひろ）

2017年　京都大学工学部情報学科卒業
2022年　東京大学大学院工学系研究科化学システム工学専攻博士課程修了，博士（工学）
2022年4月　株式会社Elixリサーチエンジニア（現職）

　学部時代は離散数理を専門とする研究室に所属し，分子グラフの数え上げアルゴリズムに関する研究に従事．修士課程から分野をケモインフォマティクスに移し，小規模化学データを利用した分子グラフ構造生成に関する研究に従事．現在は，株式会社ElixでAI創薬に携わっている．
　著書に『詳解 マテリアルズインフォマティクス—有機・無機化学のための深層学習—』（共著，近代科学社Digital）がある．

◎本書スタッフ
編集長：石井 沙知
編集：伊藤 雅英
組版協力：阿瀬 はる美
表紙デザイン：tplot.inc 中沢 岳志
技術開発・システム支援：インプレスR&D NextPublishingセンター
●本書に記載されている会社名・製品名等は、一般に各社の登録商標または商標です。本
文中の©、®、TM等の表示は省略しています。

●本書の内容についてのお問い合わせ先
近代科学社Digital　メール窓口
kdd-info@kindaikagaku.co.jp
件名に「『本書名』問い合わせ係」と明記してお送りください。
電話やFAX、郵便でのご質問にはお答えできません。返信までには、しばらくお時間をい
ただく場合があります。なお、本書の範囲を超えるご質問にはお答えしかねますので、あ
らかじめご了承ください。

事例でわかる
マテリアルズインフォマティクス
深層学習ケーススタディ

2023年2月10日　初版発行Ver.1.0

著　者	船津 公人,井上 貴央
発行人	大塚 浩昭
発　行	近代科学社Digital
販　売	株式会社 近代科学社
	〒101-0051
	東京都千代田区神田神保町1丁目105番地
	https://www.kindaikagaku.co.jp

印刷・製本　京葉流通倉庫株式会社
Printed in Japan

ISBN978-4-7649-0659-4

近代科学社Digital は、株式会社近代科学社が推進する21世紀型の理工系出版レーベルです。デジタルパワーを積極活用することで、オンデマンド型のスピーディで持続可能な出版モデルを提案します。

近代科学社Digitalは株式会社インプレスR&Dのデジタルファースト出版プラットフォーム"NextPublishing"との協業で実現しています。

近代科学社Digital
教科書発掘プロジェクトのお知らせ

教科書出版もニューノーマルへ！
オンライン、遠隔授業にも対応！
好評につき、通年ご応募いただけるようになりました！

近代科学社 Digital　教科書発掘プロジェクトとは？

・オンライン、遠隔授業に活用できる
・以前に出版した書籍の復刊が可能
・内容改訂も柔軟に対応
・電子教科書に対応

　何度も授業で使っている講義資料としての原稿を、教科書にして出版いたします。書籍の出版経験がない、また地方在住で相談できる出版社がない先生方に、デジタルパワーを活用して広く出版の門戸を開き、世の中の教科書の選択肢を増やします。

教科書発掘プロジェクトで出版された書籍

情報を集める技術・伝える技術
著者：飯尾 淳
B5判・192ページ
2,300円（小売希望価格）

代数トポロジーの基礎
——基本群とホモロジー群——
著者：和久井 道久
B5判・296ページ
3,500円（小売希望価格）

学校図書館の役割と使命
——学校経営・学習指導にどう関わるか——
著者：西巻 悦子
A5判・112ページ
1,700円（小売希望価格）